零基础点对点识图与造价系列

钢结构工程识图与造价入门

鸿图造价　组编

刘家印　主编

机械工业出版社
CHINA MACHINE PRESS

本书为"零基础点对点识图与造价系列"之一，根据《建设工程工程量清单计价规范》（GB 50500—2013）、《房屋建筑与装饰工程工程量计算规范》（GB 50854—2013）等标准规范编写。本书针对读者在造价工作中遇到的问题和难点，以问题导入、案例导入、算量分析、关系识图等板块进行一一讲解，同时融合了软件的操作使用。全书共 13 章，主要内容包括造价工程师执业制度，工程造价管理相关法律法规，钢结构工程造价概述，钢结构工程识图，钢屋架、钢网架，钢托架、钢桁架，钢柱，钢梁，压型钢板楼板，其他钢构件，钢结构工程定额计价与工程量清单计价，钢结构工程综合计算实例以及钢结构工程造价软件应用。

本书适合钢结构工程造价、工程管理、工程经济等专业的在校学生及从事造价工作的人员学习参考，也可以作为造价自学人员的优选书籍。

图书在版编目（CIP）数据

钢结构工程识图与造价入门/鸿图造价组编. —北京：机械工业出版社，2021.1

（零基础点对点识图与造价系列）

ISBN 978-7-111-67942-4

Ⅰ.①钢… Ⅱ.①鸿… Ⅲ.①钢结构-建筑工程-建筑制图-识图②钢结构-建筑安装-工程造价 Ⅳ.①TU391②TU723.3

中国版本图书馆 CIP 数据核字（2021）第 061930 号

机械工业出版社（北京市百万庄大街 22 号　邮政编码 100037）
策划编辑：闫云霞　责任编辑：闫云霞　关正美
责任校对：张　薇　封面设计：张　静
责任印制：李　昂
北京富博印刷有限公司印刷
2022 年 1 月第 1 版第 1 次印刷
184mm×260mm・11.5 印张・282 千字
标准书号：ISBN 978-7-111-67942-4
定价：39.00 元

电话服务　　　　　　　　　网络服务
客服电话：010-88361066　　机　工　官　网：www.cmpbook.com
　　　　　010-88379833　　机　工　官　博：weibo.com/cmp1952
　　　　　010-68326294　　金　书　网：www.golden-book.com
封底无防伪标均为盗版　　机工教育服务网：www.cmpedu.com

编委会成员名单

组　编

鸿图造价

主　编

刘家印

参　编

何长江　杨霖华　白庆海　刘　瀚

史永强　赵小云　郭　琳　吴　帆

张利霞　刘鸿滨　胡晓菲

P REFACE ►►►►►► 前言

工程造价是比较专业的领域，建筑单位、设计院、造价咨询单位等都需要大量的造价人员，因此发展前景很好。当前，很多初学造价的人员工作时比较迷茫，而一些转行造价的入门者，学习和工作起来困难就更大一些。一本站在入门者角度的图书不仅可以让这些读者事半功倍，还可以使其工作和学习得心应手。

对于入门造价的初学者，任何一个知识点的缺乏都有可能成为他们学习的绊脚石，他们会觉得书中提到的一些专业术语，为什么没有相应的解释？为何没有相应的图片？全靠自己凭空想象，实在是难为人。本书结合以上问题，进行了市场调研，按照初学者思路，对其学习过程中遇到的知识点、难点和问题进行点对点讲解，做到识图有根基，算量有依据，前呼后应，理论与实践兼备。

本书根据《建设工程工程量清单计价规范》（GB 50500—2013）、《房屋建筑与装饰工程工程量计算规范》（GB 50854—2013）、《房屋建筑与装饰工程消耗量定额》（TY 01—31—2015）等标准规范编写，站在初学者的角度设置内容，具有以下显著特点：

1）点对点。对识图和算量学习过程中的专业名词和术语进行点对点的解释，重点处给出了图片、音频或视频讲解。

2）针对性强。每章按照不同的分部工程进行划分，每个分部工程中的知识点以"问题导入+案例导入+算量解析+疑难分析"为主线，分别按定额和清单方式进行串讲。

3）形式新颖。采用植入问题，带着疑问去找答案的方式，以提高读者的学习兴趣。

4）实践性强。每个知识点的讲解，所采用的案例和图片均来源于实际。

5）时效性强。结合新版造价软件进行绘图与工程报表的提取，顺应造价工程新形势的发展。

在编写本书过程中，得到了许多同行的支持与帮助，在此一并表示感谢。由于编者水平有限加上时间紧迫，书中难免有疏漏和不妥之处，望广大读者批评指正。如有疑问，可发邮件至 zjyjr1503@163.com 也可申请加入 QQ 群 811179070 与编者联系。

编　者

▶▶▶▶▶ 目录
CONTENTS

前言

第1章 造价工程师执业制度 / 1

1.1 造价工程师的执业范围 / 1

1.2 造价工程师的职权与岗位职责 / 3

第2章 工程造价管理相关法律法规 / 5

2.1 《中华人民共和国建筑法》/ 5

2.2 《中华人民共和国民法典》——
合同 / 11

2.3 《中华人民共和国招标投标法》/ 22

2.4 其他相关法律法规 / 28

第3章 钢结构工程造价概述 / 32

3.1 工程造价的含义及构成 / 32

3.2 钢结构工程定额计价 / 33

3.2.1 钢结构工程定额计价的特点与
作用 / 33

3.2.2 钢结构工程定额计价的分类 / 35

3.3 钢结构工程清单计价 / 36

3.3.1 钢结构工程清单计价的特点 / 36

3.3.2 钢结构工程清单计价的计价内容
及依据 / 38

3.3.3 钢结构工程清单计价的基本原理
/ 39

3.3.4 影响工程成本的计价因素 / 40

3.3.5 工程量清单计价存在的主要问题
/ 41

3.4 工程量清单计价与定额计价的联系与
区别 / 42

3.4.1 工程量清单计价与定额计价的
联系 / 42

3.4.2 工程量清单计价与定额计价的
区别 / 42

第4章 钢结构工程识图 / 44

4.1 建筑制图标准及相关规定 / 44

4.2 钢结构识图基本知识 / 46

4.3 钢材的种类、规格及选择 / 49

4.3.1 钢材的种类及规格 / 49

4.3.2 钢材的选择 / 51

4.4 投影的基本知识 / 52

4.4.1 投影及其特性 / 52

4.4.2 三面投影及其对应关系 / 54

4.4.3 点、线、面的投影 / 56

4.4.4 立体的投影 / 58

4.4.5 轴测投影 / 59

4.5 钢结构工程施工图的识读 / 60

4.5.1 施工图编排顺序 / 60

4.5.2 钢结构施工图识读内容及步骤
/ 61

4.5.3 钢结构工程施工图实例 / 62

4.6 钢结构施工详图的识读 / 65

4.6.1 施工详图编制内容 / 65

4.6.2 钢结构施工图识读要点 / 66

4.6.3 钢结构施工详图的识读 / 66

4.7 单层门式钢结构厂房的识读 / 66

4.7.1 钢结构设计图的基本内容 / 66

4.7.2 门式钢结构厂房构造 / 66

4.7.3 单层厂房施工图的识读 / 68

4.8 多层钢结构构造识读 / 72

4.8.1 多层钢结构简介 / 72

4.8.2 多层钢结构厂房构造 / 73

4.9　压型钢板和保温夹芯板 / 76
　4.9.1　压型钢板 / 76
　4.9.2　保温夹芯板 / 76

第5章　钢屋架、钢网架 / 77
5.1　工程量计算依据 / 77
5.2　工程案例实战分析 / 77
　5.2.1　问题导入 / 77
　5.2.2　案例导入与算量解析 / 77
5.3　关系识图与疑难分析 / 87
　5.3.1　关系识图 / 87
　5.3.2　疑难分析 / 87

第6章　钢托架、钢桁架 / 89
6.1　工程量计算依据 / 89
6.2　工程案例实战分析 / 89
　6.2.1　问题导入 / 89
　6.2.2　案例导入与算量解析 / 89
6.3　关系识图与疑难分析 / 97
　6.3.1　关系识图 / 97
　6.3.2　疑难分析 / 99

第7章　钢柱 / 101
7.1　工程量计算依据 / 101
7.2　工程案例实战分析 / 101
　7.2.1　问题导入 / 101
　7.2.2　案例导入与算量解析 / 101
7.3　关系识图与疑难分析 / 109
　7.3.1　关系识图 / 109
　7.3.2　疑难分析 / 110

第8章　钢梁 / 113
8.1　工程量计算依据 / 113
8.2　工程案例实战分析 / 113
　8.2.1　问题导入 / 113
　8.2.2　案例导入与算量解析 / 113
8.3　关系识图与疑难分析 / 119
　8.3.1　关系识图 / 119
　8.3.2　疑难分析 / 122

第9章　压型钢板楼板 / 124
9.1　工程量计算依据 / 124
9.2　工程案例实战分析 / 124
　9.2.1　问题导入 / 124
　9.2.2　案例导入与算量解析 / 124
9.3　关系识图与疑难分析 / 128
　9.3.1　关系识图 / 128
　9.3.2　疑难分析 / 129

第10章　其他钢构件 / 130
10.1　工程量计算依据 / 130
10.2　工程案例实战分析 / 131
　10.2.1　问题导入 / 131
　10.2.2　案例导入与算量解析 / 131
10.3　关系识图与疑难分析 / 141
　10.3.1　关系识图 / 141
　10.3.2　疑难分析 / 143

第11章　钢结构工程定额计价与工程量
　　　　清单计价 / 144
11.1　钢结构工程定额计价 / 144
　11.1.1　工程定额计价基本程序 / 144
　11.1.2　钢结构工程施工定额 / 145
　11.1.3　钢结构工程预算定额 / 146
　11.1.4　钢结构工程概算定额 / 148
　11.1.5　钢结构工程企业定额 / 149
11.2　钢结构工程工程量清单计价 / 152
　11.2.1　工程量清单的编制依据及编制
　　　　　原则 / 152
　11.2.2　工程量清单的编制 / 153

第12章　钢结构工程综合计算实例 / 158
12.1　钢雨篷 / 158
12.2　门式刚架厂房 / 162

第13章　钢结构工程造价软件应用
　　　　/ 167
13.1　广联达工程造价算量软件 / 167

13.1.1 广联达工程造价算量软件概述
/ 167
13.1.2 广联达工程造价算量软件的算量
原理 / 168
13.1.3 广联达工程造价算量软件的操作

流程 / 169
13.2 钢结构工程计价软件 / 173
13.2.1 钢结构工程常用计价软件 / 173
13.2.2 钢结构工程计价软件 GBQ 操作及
使用 / 174

第1章 造价工程师执业制度

1.1 造价工程师的执业范围

1. 业务范围

根据住房和城乡建设部关于修改《工程造价咨询企业管理办法》《注册造价工程师管理办法》的决定：

国家在工程造价领域实施造价工程师执业资格制度，凡是从事工程建设活动的建设、设计、施工、工程造价咨询、工程造价管理等单位和部门，必须在计价、评估、审核、审查、控制及管理等岗位配备有造价工程师职业资格的专业技术管理人员。

（1）一级造价工程师执业范围

包括建设项目全过程的工程造价管理与咨询等，具体工作内容有以下几方面：

1）项目建议书、可行性研究投资估算与审核，项目评价造价分析。

2）建设工程设计概算、施工（图）预算的编制和审核。

3）建设工程招标投标文件工程量和造价的编制与审核。

4）建设工程合同价款、结算价款、竣工决算价款的编制与管理。

5）建设工程审计、仲裁、诉讼、保险中的造价鉴定，工程造价纠纷调解。

6）建设工程计价依据、造价指标的编制与管理。

7）与工程造价管理有关的其他事项。

（2）二级造价工程师执业范围

二级造价工程师主要协助一级造价工程师开展相关工作，可独立开展以下具体工作：

1）建设工程工料分析、计划、组织与成本管理，施工图预算、设计概算的编制。

2）建设工程量清单、最高投标限价、投标报价的编制。

3）建设工程合同价款、结算价款和竣工决算价款的编制。

造价工程师应在本人工程造价咨询成果文件上签章，并承担相应责任。工程造价咨询成果文件应由一级造价工程师审核并加盖执业印章。

2. 执业方向

1）建设项目投资估算、概算、预算、结算、决算及工程招标标底价、投标报价的编制或审核。

2）建设项目经济评价和后评价、设计方案技术经济论证和优化、施工方案优选和技术经济评价。

3）工程造价的监控。

4）工程经济纠纷的鉴定。

5）工程变更及合同价的调整和索赔费用的计算。

6）工程造价依据的编制和审查。

7）国务院建设行政主管部门规定的其他业务。

3. 造价工程师的执业内容

（1）在建设单位（业主）执业

造价工程师在建设单位执业，从事的造价工作主要集中在投资决策阶段、设计阶段、招标投标阶段以及竣工决算阶段的工程造价文件的审核。部分有能力的业主也要求造价工程师进行一些工程造价文件的编制工作，但大部分工程造价工作，会委托给有相应资质的工程造价咨询机构来完成。业主方的造价工程师一般要参与全过程的工程造价管理工作，但主要是协调和审核工作。

音频 1-1：造价工程师的具体执业内容

（2）在施工单位（承包商）执业

造价工程师在施工单位执业主要是从招标投标阶段开始到工程竣工结算完成的过程中的造价文件的编制和管理工作。比如，编制投标报价文件、提供人工和材料的预算用量、编制工程结算文件等。

（3）在工程造价咨询企业执业

工程造价咨询企业是造价工程师执业最广泛的单位之一。由于工程造价咨询企业既可以为业主提供造价咨询服务，也可以为承包商提供服务。造价工程师如果在工程造价咨询企业执业，就要求其掌握全过程的造价咨询执业内容。也就是说，凡是《注册造价工程师管理办法》规定的造价工程师的执业范围，工程造价咨询企业都应该能够提供。

4. 一、二级造价工程师执业范围的区别

根据《造价工程师职业资格制度规定》，一、二级造价工程师执业范围是有所不同的，区别如下：

造价工程师不得同时受聘于两个或两个以上单位执业，不得允许他人以本人名义执业，严禁"证书挂靠"。出租、出借注册证书的，依据相关法律法规进行处罚；构成犯罪的，依法追究刑事责任。

音频 1-2：一、二级造价工程师执业范围的对比

1）一级造价工程师的执业范围包括建设项目全过程的工程造价管理与咨询等，具体工作内容包含以下几方面：

① 项目建议书、可行性研究投资估算与审核，项目评价造价分析。

② 建设工程设计概算、施工预算编制和审核。

③ 建设工程招标投标文件工程量和造价的编制与审核。

④ 建设工程合同价款、结算价款、竣工决算价款的编制与管理。

⑤ 建设工程审计、仲裁、诉讼、保险中的造价鉴定，工程造价纠纷调解。

⑥ 建设工程计价依据、造价指标的编制与管理。

⑦ 与工程造价管理有关的其他事项。

2）二级造价工程师主要协助一级造价工程师开展相关工作，同时可独立开展以下具体工作：

① 建设工程工料分析、计划、组织与成本管理，施工图预算、设计概算编制。

② 建设工程量清单、最高投标限价、投标报价编制。

③ 建设工程合同价款、结算价款和竣工决算价款的编制。

造价工程师应在本人工程造价咨询成果文件上签章，并承担相应责任。工程造价咨询成果文件应由一级造价工程师审核并加盖执业印章。对出具虚假工程造价咨询成果文件或者有重大工作过失的造价工程师，不再予以注册，造成损失的依法追究其责任。取得造价工程师注册证书的人员，应当按照国家专业技术人员继续教育的有关规定接受继续教育，更新专业知识，提高业务水平。

5. 继续教育

根据我国住房和城乡建设部第 50 号令，住房和城乡建设部重新修订了《工程造价咨询企业管理办法》《注册造价工程师管理办法》。

注册造价工程师在每一注册有效期内应接受必修课和选修课各为 60 学时的继续教育。各省级和部门管理机构应按照每两年完成 30 学时必修课和 30 学时选修课的要求，组织注册造价工程师参加规定形式的继续教育学习。

继续教育必修课以中国建设工程造价管理协会确定的学习内容和编制的培训教材为主，各省级和部门管理机构可适当补充学习内容；选修课学习内容及培训教材由各省级和部门管理机构自行确定，并提前报送中国建设工程造价管理协会备案。

1.2 造价工程师的职权与岗位职责

1. 造价工程师的职权

根据建设部令第 150 号我国住房和城乡建设部第 50 号令，《注册造价工程师管理办法》规定，注册造价工程师具有以下几方面权利：

1）使用注册造价工程师名称。

2）依法独立执行工程造价业务。

3）在本人执业活动中形成的工程造价成果文件上签字并加盖执业印章。

4）发起设立工程造价咨询企业。

5）保管和使用本人的注册证书和执业印章。

6）参加继续教育。

2. 造价工程师的岗位职责

1）项目投资与设计阶段造价师岗位职责。

① 协助项目投资收益测算分析。

② 协助成本管理体系建立、维护和改进（成本的估算、测算、预算、目标成本、责任成本、动态成本、结算、成本后评估）。

③ 负责工程全面成本动态控制和成本数据库的建立与维护。

④ 负责工程进度款审核及工程结算。

⑤ 负责工程签证的成本估算及完成后的金额审核。

⑥ 协助招标采购商务谈判、甲定乙供材料的核价。

⑦ 负责造价咨询类服务单位管理。

⑧ 上级交办的其他事项。

2）项目施工阶段造价师岗位职责。

① 参与对项目的成本工程量清单的编制与核算。

② 完成专业范围内分包及工程设备、材料采购招标的各项具体工作，并参与材料供应商的入围考察。

③ 具体执行土建专业预算的编制与审核。

④ 负责项目预算、竣工决算资料的收集、审核、整理等工作。

⑤ 负责项目施工过程中涉及变更和签证的审核工作，动态管理项目造价。

⑥ 参与和专业有关的合同谈判。

第2章 工程造价管理相关法律法规

2.1 《中华人民共和国建筑法》

1. 总则

1）为了加强对建筑活动的监督管理，维护建筑市场秩序，保证建筑工程的质量和安全，促进建筑业健康发展，制定本法。

2）在中华人民共和国境内从事建筑活动，实施对建筑活动的监督管理，应当遵守本法。本法所称建筑活动，是指各类房屋建筑及其附属设施的建造和与其配套的线路、管道、设备的安装活动。

3）建筑活动应当确保建筑工程质量和安全，符合国家的建筑工程安全标准。

4）国家扶持建筑业的发展，支持建筑科学技术研究，提高房屋建筑设计水平，鼓励节约能源和保护环境，提倡采用先进技术、先进设备、先进工艺、新型建筑材料和现代管理方式。

5）从事建筑活动应当遵守法律、法规，不得损害社会公共利益和他人的合法权益。任何单位和个人都不得妨碍和阻挠依法进行的建筑活动。

6）国务院建设行政主管部门对全国的建筑活动实施统一监督管理。

2. 建筑许可

（1）建筑工程施工许可

建筑工程开工前，建设单位应当按照国家有关规定向工程所在地县级以上人民政府建设行政主管部门申请领取施工许可证；但是，国务院建设行政主管部门确定的限额以下的小型工程除外。

按照国务院规定的权限和程序批准开工报告的建筑工程，不再领取施工许可证。

申请领取施工许可证，应当具备下列条件。

1）已经办理该建筑工程用地批准手续。

2）依法应当办理建设工程规划许可证的，已经取得建设工程规划许可证。

3）需要拆迁的，其拆迁进度符合施工要求。

4）已经确定建筑施工企业。

5）有满足施工需要的资金安排、施工图及技术资料。

6）有保证工程质量和安全的具体措施。

建设行政主管部门应当自收到申请之日起七日内，对符合条件的申请颁发施工许可证。

建设单位应当自领取施工许可证之日起三个月内开工。因故不能按期开工的，应当向发证机关申请延期；延期以两次为限，每次不超过三个月。既不开工又不申请延期或者超过延期时限的，施工许可证自行废止。

在建的建筑工程因故中止施工的，建设单位应当自中止施工之日起一个月内，向发证机关报告，并按照规定做好建筑工程的维护管理工作。

建筑工程恢复施工时，应当向发证机关报告；中止施工满一年的工程恢复施工前，建设单位应当报发证机关核验施工许可证。

按照国务院有关规定批准开工报告的建筑工程，因故不能按期开工或者中止施工的，应当及时向批准机关报告情况。因故不能按期开工超过六个月的，应当重新办理开工报告的批准手续。

（2）从业资格

从事建筑活动的建筑施工企业、勘察单位、设计单位和工程监理单位，应当具备下列条件：

1）有符合国家规定的注册资本。

2）有与其从事的建筑活动相适应的具有法定执业资格的专业技术人员。

3）有从事相关建筑活动所应有的技术装备。

4）法律、行政法规规定的其他条件。

从事建筑活动的建筑施工企业、勘察单位、设计单位和工程监理单位，按照其拥有的注册资本、专业技术人员、技术装备和已完成的建筑工程业绩等资质条件，划分为不同的资质等级，经资质审查合格，取得相应等级的资质证书后，方可在其资质等级许可的范围内从事建筑活动。

从事建筑活动的专业技术人员，应当依法取得相应的执业资格证书，并在执业资格证书许可的范围内从事建筑活动。

3. 建筑工程发包与承包

（1）一般规定

建筑工程的发包单位与承包单位应当依法订立书面合同，明确双方的权利和义务。发包单位和承包单位应当全面履行合同约定的义务。不按照合同约定履行义务的，依法承担违约责任。

音频 2-1：
承发包
竣工结算

建筑工程发包与承包的招标投标活动，应当遵循公开、公正、平等竞争的原则，择优选择承包单位。建筑工程的招标投标，本法没有规定的，适用有关招标投标法律的规定。

（2）发包

发包单位及其工作人员在建筑工程发包中不得收受贿赂、回扣或者索取其他好处。承包单位及其工作人员不得利用向发包单位及其工作人员行贿、提供回扣或者给予其他好处等不正当手段承揽工程。

建筑工程造价应当按照国家有关规定，由发包单位与承包单位在合同中约定。公开招标发包的，其造价的约定，须遵守招标投标法律的规定。发包单位应当按照合同的约定，及时拨付工程款项。

建筑工程依法实行招标发包，对不适于招标发包的可以直接发包。

建筑工程实行公开招标的，发包单位应当依照法定程序和方式，发布招标公告，提供载有招标工程的主要技术要求、主要的合同条款、评标的标准和方法以及开标、评标、定标的程序等内容的招标文件。

开标应当在招标文件规定的时间、地点公开进行。开标后应当按照招标文件规定的评标标准和程序对标书进行评价、比较，在具备相应资质条件的投标者中，择优选定中标者。

建筑工程招标的开标、评标、定标由建设单位依法组织实施，并接受有关行政主管部门的监督。

建筑工程实行招标发包的，发包单位应当将建筑工程发包给依法中标的承包单位。建筑工程实行直接发包的，发包单位应当将建筑工程发包给具有相应资质条件的承包单位。

政府及其所属部门不得滥用行政权力，限定发包单位将招标发包的建筑工程发包给指定的承包单位。提倡对建筑工程实行总承包，禁止将建筑工程肢解发包。

建筑工程的发包单位可以将建筑工程的勘察、设计、施工、设备采购一并发包给一个工程总承包单位，也可以将建筑工程勘察、设计、施工、设备采购的一项或者多项发包给一个工程总承包单位；但是，不得将应当由一个承包单位完成的建筑工程肢解成若干部分发包给几个承包单位。

按照合同约定，建筑材料、建筑构配件和设备由工程承包单位采购的，发包单位不得指定承包单位购入用于工程的建筑材料、建筑构配件和设备或者指定生产厂、供应商。

（3）承包

承包建筑工程的单位应当持有依法取得的资质证书，并在其资质等级许可的业务范围内承揽工程。

禁止建筑施工企业超越本企业资质等级许可的业务范围或者以任何形式用其他建筑施工企业的名义承揽工程。禁止建筑施工企业以任何形式允许其他单位或者个人使用本企业的资质证书、营业执照，以本企业的名义承揽工程。

大型建筑工程或者结构复杂的建筑工程，可以由两个以上的承包单位联合共同承包。共同承包的各方对承包合同的履行承担连带责任。

两个以上不同资质等级的单位实行联合共同承包的，应当按照资质等级低的单位的业务许可范围承揽工程。

禁止承包单位将其承包的全部建筑工程转包给他人，禁止承包单位将其承包的全部建筑工程肢解以后以分包的名义分别转包给他人。

建筑工程总承包单位可以将承包工程中的部分工程发包给具有相应资质条件的分包单位；但是，除总承包合同中约定的分包外，必须经建设单位认可。施工总承包的，建筑工程主体结构的施工必须由总承包单位自行完成。

建筑工程总承包单位按照总承包合同的约定对建设单位负责；分包单位按照分包合同的约定对总承包单位负责。总承包单位和分包单位就分包工程对建设单位承担连带责任。禁止总承包单位将工程分包给不具备相应资质条件的单位。禁止分包单位将其承包的工程再分包。

4. 建筑工程监理

国家推行建筑工程监理制度。国务院可以规定实行强制监理的建筑工程的范围。

实行监理的建筑工程，由建设单位委托具有相应资质条件的工程监理单位监理。建设单位与其委托的工程监理单位应当订立书面委托监理合同。

音频 2-2：
监理工作原则

建筑工程监理应当依照法律、行政法规及有关的技术标准、设计文件和建筑工程承包合同，对承包单位在施工质量、建设工期和建设资金使用等方面，代表建设单位实施监督。

工程监理人员认为工程施工不符合工程设计要求、施工技术标准和合同约定的，有权要求建筑施工企业改正。

工程监理人员发现工程设计不符合建筑工程质量标准或者合同约定的质量要求的，应当报告建设单位要求设计单位改正。

实施建筑工程监理前，建设单位应当将委托的工程监理单位、监理的内容及监理权限，书面通知被监理的建筑施工企业。

工程监理单位应当在其资质等级许可的监理范围内，承担工程监理业务。工程监理单位应当根据建设单位的委托，客观、公正地执行监理任务。工程监理单位与被监理工程的承包单位以及建筑材料、建筑构配件和设备供应单位不得有隶属关系或者其他利害关系。工程监理单位不得转让工程监理业务。

工程监理单位不按照委托监理合同的约定履行监理义务，对应当监督检查的项目不检查或者不按照规定检查，给建设单位造成损失的，应当承担相应的赔偿责任。工程监理单位与承包单位串通，为承包单位谋取非法利益，给建设单位造成损失的，应当与承包单位承担连带赔偿责任。

5. 建筑安全生产管理

建筑工程安全生产管理必须坚持安全第一、预防为主的方针，建立健全安全生产的责任制度和群防群治制度。建筑工程设计应当符合按照国家规定制定的建筑安全规程和技术规范，保证工程的安全性能。

建筑施工企业在编制施工组织设计时，应当根据建筑工程的特点制定相应的安全技术措施；对专业性较强的工程项目，应当编制专项安全施工组织设计，并采取安全技术措施。

建筑施工企业应当在施工现场采取维护安全、防范危险、预防火灾等措施；有条件的，应当对施工现场实行封闭管理。施工现场对毗邻的建筑物、构筑物和特殊作业环境可能造成损害的，建筑施工企业应当采取安全防护措施。

建设单位应当向建筑施工企业提供与施工现场相关的地下管线资料，建筑施工企业应当采取措施加以保护。

建筑施工企业应当遵守有关环境保护和安全生产的法律、法规的规定，采取控制和处理施工现场的各种粉尘、废气、废水、固体废物以及噪声、振动对环境的污染和危害的措施。

有下列情形之一的，建设单位应当按照国家有关规定办理申请批准手续：

1）需要临时占用规划批准范围以外场地的。

2）可能损坏道路、管线、电力、邮电通信等公共设施的。

3）需要临时停水、停电、中断道路交通的。

4）需要进行爆破作业的。

5）法律、法规规定需要办理报批手续的其他情形。

建设行政主管部门负责建筑安全生产的管理，并依法接受劳动行政主管部门对建筑安全生产的指导和监督。建筑施工企业必须依法加强对建筑安全生产的管理，执行安全生产责任制度，采取有效措施，防止伤亡和其他安全生产事故的发生。建筑施工企业的法定代表人对本企业的安全生产负责。

施工现场安全由建筑施工企业负责。实行施工总承包的，由总承包单位负责。分包单位向总承包单位负责，服从总承包单位对施工现场的安全生产管理。

建筑施工企业应当建立健全劳动安全生产教育培训制度，加强对职工安全生产的教育培训；未经安全生产教育培训的人员，不得上岗作业。

建筑施工企业和作业人员在施工过程中，应当遵守有关安全生产的法律、法规和建筑行业安全规章、规程，不得违章指挥或者违章作业。作业人员有权对影响人身健康的作业程序和作业条件提出改进意见，有权获得安全生产所需的防护用品。作业人员对危及生命安全和人身健康的行为有权提出批评、检举和控告。

建筑施工企业应当依法为职工参加工伤保险缴纳工伤保险费。鼓励企业为从事危险作业的职工办理意外伤害保险，支付保险费。

涉及建筑主体和承重结构变动的装修工程，建设单位应当在施工前委托原设计单位或者具有相应资质条件的设计单位提出设计方案；没有设计方案的，不得施工。

房屋拆除应当由具备保证安全条件的建筑施工单位承担，由建筑施工单位负责人对安全负责。

施工中发生事故时，建筑施工企业应当采取紧急措施减少人员伤亡和事故损失，并按照国家有关规定及时向有关部门报告。

6. 建筑工程质量管理

建筑工程勘察、设计、施工的质量必须符合国家有关建筑工程安全标准的要求，具体管理办法由国务院规定。有关建筑工程安全的国家标准不能适应确保建筑安全的要求时，应当及时修订。

国家对从事建筑活动的单位推行质量体系认证制度。从事建筑活动的单位根据自愿原则可以向国务院产品质量监督管理部门或者国务院产品质量监督管理部门授权的部门认可的认证机构申请质量体系认证。经认证合格的，由认证机构颁发质量体系认证证书。

建设单位不得以任何理由，要求建筑设计单位或者建筑施工企业在工程设计或者施工作业中，违反法律、行政法规和建筑工程质量，安全标准，降低工程质量。建筑设计单位和建筑施工企业对建设单位违反前款规定提出的降低工程质量的要求，应当予以拒绝。

建筑工程实行总承包的，工程质量由工程总承包单位负责，总承包单位将建筑工程分包给其他单位的，应当对分包工程的质量与分包单位承担连带责任。分包单位应当接受总承包单位的质量管理。

建筑工程的勘察、设计单位必须对其勘察、设计的质量负责。勘察、设计文件应当符合有关法律、行政法规的规定和建筑工程质量，安全标准，建筑工程勘察、设计技术规范以及合同的约定。设计文件选用的建筑材料、建筑构配件和设备，应当注明其规格、型号、性能等技术指标，其质量要求必须符合国家规定的标准。

建筑设计单位对设计文件选用的建筑材料、建筑构配件和设备，不得指定生产厂、供应商。

建筑施工企业对工程的施工质量负责。建筑施工企业必须按照工程设计图和施工技术标准施工，不得偷工减料。工程设计的修改由原设计单位负责，建筑施工企业不得擅自修改工程设计。

建筑施工企业必须按照工程设计要求、施工技术标准和合同的约定，对建筑材料、建筑构配件和设备进行检验，不合格的不得使用。

建筑物在合理使用寿命内，必须确保地基基础工程和主体结构的质量。建筑工程竣工时，屋顶、墙面不得留有渗漏、开裂等质量缺陷；对已发现的质量缺陷，建筑施工企业应当修复。

交付竣工验收的建筑工程，必须符合规定的建筑工程质量标准，有完整的工程技术经济资料和经签署的工程保修书，并具备国家规定的其他竣工条件。建筑工程竣工经验收合格后，方可交付使用；未经验收或者验收不合格的，不得交付使用。

建筑工程实行质量保修制度。建筑工程的保修范围应当包括地基基础工程、主体结构工程、屋面防水工程和其他土建工程，以及电气管线、上下水管线的安装工程，供热、供冷系统工程等项目；保修的期限应当按照保证建筑物合理寿命年限内正常使用，维护使用者合法权益的原则确定。具体的保修范围和最低保修期限由国务院规定。任何单位和个人对建筑工程的质量事故、质量缺陷都有权向建设行政主管部门或者其他有关部门进行检举、控告、投诉。

7. 法律责任

违反本法规定，未取得施工许可证或者开工报告未经批准擅自施工的，责令改正，对不符合开工条件的责令停止施工，可以处以罚款。

发包单位将工程发包给不具有相应资质条件的承包单位的，或者违反本法规定将建筑工程肢解发包的，责令改正，处以罚款。超越本单位资质等级承揽工程的，责令停止违法行为，处以罚款，可以责令停业整顿，降低资质等级；情节严重的，吊销资质证书；有违法所得的，予以没收。

未取得资质证书承揽工程的，予以取缔，并处罚款；有违法所得的，予以没收。以欺骗手段取得资质证书的，吊销资质证书，处以罚款；构成犯罪的，依法追究刑事责任。

建筑施工企业转让、出借资质证书或者以其他方式允许他人以本企业的名义承揽工程的，责令改正，没收违法所得，并处罚款，可以责令停业整顿，降低资质等级；情节严重的，吊销资质证书。对因该项承揽工程不符合规定的质量标准造成的损失，建筑施工企业与使用本企业名义的单位或者个人承担连带赔偿责任。

承包单位将承包的工程转包的，或者违反本法规定进行分包的，责令改正，没收违法所得，并处罚款，可以责令停业整顿，降低资质等级；情节严重的，吊销资质证书。承包单位有前款规定的违法行为的，对因转包工程或者违法分包的工程不符合规定的质量标准造成的损失，与接受转包或者分包的单位承担连带赔偿责任。

在工程发包与承包中索贿、受贿、行贿，构成犯罪的，依法追究刑事责任；不构成犯罪的，分别处以罚款，没收贿赂的财物，对直接负责的主管人员和其他直接责任人员给予处分。对在工程承包中行贿的承包单位，除依照前款规定处罚外，可以责令停业整顿，降低资质等级或者吊销资质证书。

工程监理单位与建设单位或者建筑施工企业串通，弄虚作假、降低工程质量的，责令改正，处以罚款，降低资质等级或者吊销资质证书；有违法所得的，予以没收；造成损失的，承担连带赔偿责任；构成犯罪的，依法追究刑事责任。工程监理单位转让监理业务的，责令改正，没收违法所得，可以责令停业整顿，降低资质等级；情节严重的，吊销资质证书。

违反本法规定，涉及建筑主体或者承重结构变动的装修工程擅自施工的，责令改正，处以罚款；造成损失的，承担赔偿责任；构成犯罪的，依法追究刑事责任。

建筑施工企业违反本法规定，对建筑安全事故隐患不采取措施予以消除的，责令改正，可以处以罚款；情节严重的，责令停业整顿，降低资质等级或者吊销资质证书；构成犯罪的，依法追究刑事责任。建筑施工企业的管理人员违章指挥、强令职工冒险作业，因而发生重大伤亡事故或者造成其他严重后果的，依法追究刑事责任。

建设单位违反本法规定，要求建筑设计单位或者建筑施工企业违反建筑工程质量、安全标准，降低工程质量的，责令改正，可以处以罚款；构成犯罪的，依法追究刑事责任。

建筑设计单位不按照建筑工程质量、安全标准进行设计的，责令改正，处以罚款；造成工程质量事故的，责令停业整顿，降低资质等级或者吊销资质证书，没收违法所得，并处罚款；造成损失的，承担赔偿责任；构成犯罪的，依法追究刑事责任。

建筑施工企业在施工中偷工减料的，使用不合格的建筑材料、建筑构配件和设备的，或者有其他不按照工程设计图或者施工技术标准施工的行为的，责令改正，处以罚款；情节严重的，责令停业整顿，降低资质等级或者吊销资质证书；造成建筑工程质量不符合规定的质量标准的，负责返工、修理，并赔偿因此造成的损失；构成犯罪的，依法追究刑事责任。

建筑施工企业违反本法规定，不履行保修义务或者拖延履行保修义务的，责令改正，可以处以罚款，并对在保修期内因屋顶、墙面渗漏、开裂等质量缺陷造成的损失，承担赔偿责任。

本法规定的责令停业整顿、降低资质等级和吊销资质证书的行政处罚，由颁发资质证书的机关决定；其他行政处罚，由建设行政主管部门或者有关部门依照法律和国务院规定的职权范围决定。依照本法规定被吊销资质证书的，由工商行政管理部门吊销其营业执照。

违反本法规定，对不具备相应资质等级条件的单位颁发该等级资质证书的，由其上级机关责令收回所发的资质证书，对直接负责的主管人员和其他直接责任人员给予行政处分；构成犯罪的，依法追究刑事责任。

政府及其所属部门的工作人员违反本法规定，限定发包单位将招标发包的工程发包给指定的承包单位的，由上级机关责令改正；构成犯罪的，依法追究刑事责任。

负责颁发建筑工程施工许可证的部门及其工作人员对不符合施工条件的建筑工程颁发施工许可证的，负责工程质量监督检查或者竣工验收的部门及其工作人员对不合格的建筑工程出具质量合格文件或者按合格工程验收的，由上级机关责令改正，对责任人员给予行政处分；构成犯罪的，依法追究刑事责任；造成损失的，由该部门承担相应的赔偿责任。

在建筑物的合理使用寿命内，因建筑工程质量不合格受到损害的，有权向责任者要求赔偿。

2.2　《中华人民共和国民法典》——合同

《中华人民共和国民法典》第三编《合同》中的合同是指民事主体之间设立、变更、终止民事法律关系的协议。合同编中的合同分为 19 类，即：买卖合同，赠与合同，借款合同，保证合同，租赁合同，融资租赁合同，保理合同，承揽合同，建设工程合同，运输合同，技术合同，保管合同，仓储合同，委托合同，物业服务合同，行纪合同，中介合同，合伙合同以及供用电、水、气、热力合同。

1. 合同订立

当事人订立合同，应当具有相应的民事权利能力和民事行为能力。当事人依法可以委托代理人订立合同。

2. 合同形式和内容

（1）合同形式

当事人订立合同，有书面形式、口头形式和其他形式。法律、行政法规规定或者当事人约定采用特定形式的，应当采用特定形式。

（2）合同内容

合同内容由当事人约定，一般包括当事人的姓名或者名称和住所，标的，数量，质量，价款或者报酬，履行期限、地点和方式，违约责任，解决争议的方法。

《中华人民共和国民法典》在分则中对建设工程合同（包括工程勘察、设计、施工合同）内容做了专门规定。

1）勘察、设计合同内容。其包括提交基础资料和文件（包括概预算）的期限、质量要求、费用以及其他协作条件等条款。

2）施工合同内容。其包括工程范围、建设工期、中间交工工程的开工和竣工时间、工程质量、工程造价、技术资料交付时间、材料和设备供应责任、拨款和结算、竣工验收、质量保修范围和质量保证期、双方相互协作等条款。

3. 合同订立程序

当事人订立合同，可以采取要约、承诺方式或者其他方式。

（1）要约

要约是希望与他人订立合同的意思表示。

1）要约及其有效的条件。要约应当符合如下规定：

① 内容具体确定。

② 表明经受要约人承诺，要约人即受该意思表示约束。也就是说，要约必须是特定人的意思表示，必须是以缔结合同为目的，必须具备合同的主要条款。

2）要约生效。要约生效的时间适用《中华人民共和国民法典》第一百三十七条的规定。

以对话方式作出的意思表示，相对人知道其内容时生效。

以非对话方式作出的意思表示，到达相对人时生效。以非对话方式作出的采用数据电文形式的意思表示，相对人指定特定系统接收数据电文的，该数据电文进入该特定系统时生效；未指定特定系统的，相对人知道或者应当知道该数据电文进入其系统时生效。当事人对采用数据电文形式的意思表示的生效时间另有约定的，按照其约定。

3）要约撤回和撤销。要约可以撤回，撤回要约的通知应当在要约到达受要约人之前或者与要约同时到达受要约人。

要约可以撤销，撤销要约的通知应当在受要约人发出承诺通知之前到达受要约人。但有下列情形之一的，要约不得撤销：

① 要约人确定了承诺期限或者以其他形式明示要约不可撤销。

② 受要约人有理由认为要约是不可撤销的，并已经为履行合同做了准备工作。

　　4）要约失效。有下列情形之一的，要约失效：

①要约被拒绝。

②要约被依法撤销。

③承诺期限届满，受要约人未作出承诺。

④受要约人对要约的内容作出实质性变更。

（2）承诺

承诺是受要约人同意要约的意思表示。除根据交易习惯或者要约表明可以通过行为作出承诺的之外，承诺应当以通知的方式作出。

1）承诺期限。承诺应当在要约确定的期限内到达要约人。要约没有确定承诺期限的，承诺应当依照下列规定到达：

①除非当事人另有约定，以对话方式作出的要约，应当即时作出承诺。

②以非对话方式作出的要约，承诺应当在合理期限内到达。

以信件或者电报作出的要约，承诺期限自信件载明的日期或者电报交发之日开始计算。信件未载明日期的，自投寄该信件的邮戳日期开始计算。以电话、传真等快速通信方式作出的要约，承诺期限自要约到达受要约人时开始计算。

2）承诺生效。承诺通知到达要约人时生效。承诺不需要通知的，根据交易习惯或者要约的要求作出承诺的行为时生效。采用数据电文形式订立合同的，承诺到达的时间适用于要约到达受要约人时间的规定。

受要约人在承诺期限内发出承诺，按照通常情形能够及时到达要约人，但因其他原因承诺到达要约人时超过承诺期限的，除要约人及时通知受要约人因承诺超过期限不接受该承诺的以外，该承诺有效。

3）承诺撤回。承诺可以撤回，撤回承诺的通知应当在承诺通知到达要约人之前或者与承诺通知同时到达要约人。

4）迟延承诺。受要约人超过承诺期限发出承诺，或者在承诺期限内发出承诺，按照通常情形不能及时到达要约人的，为新要约；但是，要约人及时通知受要约人该承诺有效的除外。

5）未迟发而迟到的承诺。受要约人在承诺期限内发出承诺，按照通常情形能够及时到达要约人，但是因其他原因致使承诺到达要约人时超过承诺期限的，除要约人及时通知受要约人因承诺超过期限不接受该承诺外，该承诺有效。

6）要约内容的变更。

①承诺对要约内容的实质性变更。承诺的内容应当与要约的内容一致。受要约人对要约的内容作出实质性变更的，为新要约。有关合同标的、数量、质量、价款或者报酬、履行期限、履行地点和方式、违约责任和解决争议方法等的变更，是对要约内容的实质性变更。

②承诺对要约内容的非实质性变更。承诺对要约的内容作出非实质性变更的，除要约人及时表示反对或者要约表明承诺不得对要约的内容作出任何变更外，该承诺有效，合同的内容以承诺的内容为准。

4. 合同成立

承诺生效时合同成立。

（1）合同成立的时间

当事人采用合同书形式订立合同的，自当事人均签名、盖章或者按指印时合同成立。在签名、盖章或者按指印之前，当事人一方已经履行主要义务，对方接受时，该合同成立。

1）法律、行政法规规定或者当事人约定合同应当采用书面形式订立，当事人未采用书面形式但是一方已经履行主要义务，对方接受时，该合同成立。

2）信件、数据电文形式合同和网络合同成立时间。当事人采用信件、数据电文等形式订立合同要求签订确认书的，签订确认书时合同成立。

当事人一方通过互联网等信息网络发布的商品或者服务信息符合要约条件的，对方选择该商品或者服务并提交订单成功时合同成立，但是当事人另有约定的除外。

（2）合同成立的地点

承诺生效的地点为合同成立的地点。采用数据电文形式订立合同的，收件人的主营业地为合同成立的地点；没有主营业地的，其住所地为合同成立的地点。当事人另有约定的，按照其约定。书面合同成立地点：当事人采用合同书形式订立合同的，最后签名、盖章或者按指印的地点为合同成立的地点，但是当事人另有约定的除外。

（3）合同成立的其他情形

1）依国家订货任务、指令性任务订立合同及强制要约、强制承诺。国家根据抢险救灾、疫情防控或者其他需要下达国家订货任务、指令性任务的，有关民事主体之间应当依照有关法律、行政法规规定的权利和义务订立合同。

依照法律、行政法规的规定负有发出要约义务的当事人，应当及时发出合理的要约。

依照法律、行政法规的规定负有作出承诺义务的当事人，不得拒绝对方合理的订立合同要求。

2）预约合同。当事人约定在将来一定期限内订立合同的认购书、订购书、预订书等，构成预约合同。

当事人一方不履行预约合同约定的订立合同义务的，对方可以请求其承担预约合同的违约责任。

5. 格式条款

格式条款是当事人为了重复使用而预先拟定，并在订立合同时未与对方协商的条款。

1）采用格式条款订立合同的，提供格式条款的一方应当遵循公平原则确定当事人之间的权利和义务，并采取合理的方式提示对方注意免除或者减轻其责任等与对方有重大利害关系的条款，按照对方的要求，对该条款予以说明。提供格式条款的一方未履行提示或者说明义务，致使对方没有注意或者理解与其有重大利害关系的条款的，对方可以主张该条款不成为合同的内容。

2）格式条款无效的情形。有下列情形之一的，该格式条款无效：

① 具有《中华人民共和国民法典》第一编第六章第三节和第五百零六条规定的无效情形。

② 提供格式条款一方不合理地免除或者减轻其责任、加重对方责任、限制对方主要权利。

③ 提供格式条款一方排除对方主要权利。

3）格式条款的解释。对格式条款的理解发生争议的，应当按照通常理解予以解释。对格式条款有两种以上解释的，应当作出不利于提供格式条款一方的解释。格式条款和非格式条款不一致的，应当采用非格式条款。

6. 悬赏广告

悬赏人以公开方式声明对完成特定行为的人支付报酬的，完成该行为的人可以请求其支付。

7. 缔约过失责任

当事人在订立合同过程中有下列情形之一，造成对方损失的，应当承担赔偿责任：

1）假借订立合同，恶意进行磋商。

2）故意隐瞒与订立合同有关的重要事实或者提供虚假情况。

3）有其他违背诚信原则的行为。

当事人保密义务。当事人在订立合同过程中知悉的商业秘密或者其他应当保密的信息，无论合同是否成立，不得泄露或者不正当地使用；泄露、不正当地使用该商业秘密或者信息，造成对方损失的，应当承担赔偿责任。

8. 合同效力

（1）合同生效

合同生效与合同成立是两个不同的概念。合同的成立，是指双方当事人依照有关法律对合同的内容进行协商并达成一致的意见。合同成立的判断依据是承诺是否生效。合同生效，是指合同产生法律上的效力，具有法律约束力。在通常情况下，合同依法成立之时，就是合同生效之日，两者在时间上是同步的。但有些合同在成立后，并非立即产生法律效力，而是需要其他条件成就之后，才开始生效。

1）合同生效的时间。依法成立的合同，自成立时生效，但是法律另有规定或者当事人另有约定的除外。

依照法律、行政法规的规定，合同应当办理批准等手续的，依照其规定。未办理批准等手续影响合同生效的，不影响合同中履行报批等义务条款以及相关条款的效力。应当办理申请批准等手续的当事人未履行义务的，对方可以请求其承担违反该义务的责任。

依照法律、行政法规的规定，合同的变更、转让、解除等情形应当办理批准等手续的，适用前款规定。

2）被代理人对无权代理合同的追认。无权代理人以被代理人的名义订立合同，被代理人已经开始履行合同义务或者接受相对人履行的，视为对合同的追认。

3）越权订立的合同效力。法人的法定代表人或者非法人组织的负责人超越权限订立的合同，除相对人知道或者应当知道其超越权限外，该代表行为有效，订立的合同对法人或者非法人组织发生效力。

4）超越经营范围订立的合同效力。当事人超越经营范围订立的合同的效力，应当依照《中华人民共和国民法典》第一编第六章第三节和本小节的有关规定确定，不得仅以超越经营范围确认合同无效。

5）免责条款效力。合同中的下列免责条款无效：

① 造成对方人身损害的。

② 因故意或者重大过失造成对方财产损失的。

6）争议解决条款效力。合同不生效、无效、被撤销或者终止的，不影响合同中有关解决争议方法的条款的效力。

7）合同效力援引规定。本节对合同的效力没有规定的，适用《中华人民共和国民法典》第一编第六章的有关规定。

（2）无效合同

无效合同是指合同内容或者形式违反了法律、行政法规的强制性规定和社会公共利益，因而不能产生法律约束力，不受法律保护的合同。

无效合同自始没有法律约束力。在现实经济活动中，无效合同通常有两种情形，即整个合同无效（无效合同）和合同的部分条款无效。

1）无效合同的情形。有下列情形之一的，合同无效：

① 一方以欺诈、胁迫的手段订立合同，损害国家利益。

② 恶意串通，损害国家、集体或第三人利益。

③ 合法形式掩盖非法目的。

④ 损害社会公共利益。

⑤ 违反法律、行政法规的强制性规定。

2）免责条款。免责条款是指当事人在合同中约定免除或者限制其未来责任的合同条款。免责条款无效，是指没有法律约束力的免责条款。《中华人民共和国民法典》规定，合同中的下列免责条款无效：

① 造成对方人身损害的。

② 因故意或者重大过失造成对方财产损失的。

（3）效力待定合同

效力待定合同是指合同虽然已经成立，但因其不完全符合有关生效要件的规定，其合同效力能否发生尚未确定，须经法律规定的条件具备才能生效。

1）限制民事行为能力人订立的合同。《中华人民共和国民法典》规定，限制民事行为能力人实施的纯获利益的民事法律行为或者与其年龄、智力、精神健康状况相适应的民事法律行为有效；实施的其他民事法律行为经法定代理人同意或者追认后有效。

相对人可以催告法定代理人自收到通知之日起30日内予以追认。法定代理人未作表示的，视为拒绝追认。民事法律行为被追认前，善意相对人有撤销的权利。撤销应当以通知的方式作出。

2）无权代理人代订的合同。行为人没有代理权、超越代理权或者代理权终止后，仍然实施代理行为，未经被代理人追认的，对被代理人不发生效力。

相对人可以催告被代理人自收到通知之日起30日内予以追认。被代理人未作表示的，视为拒绝追认。行为人实施的行为被追认前，善意相对人有撤销的权利。撤销应当以通知的方式作出。

行为人实施的行为未被追认的，善意相对人有权请求行为人履行债务或者就其受到的损害请求行为人赔偿。但是，赔偿的范围不得超过被代理人追认时相对人所能获得的利益。

相对人知道或者应当知道行为人无权代理的，相对人和行为人按照各自的过错承担责任。无权代理人以被代理人的名义订立合同，被代理人已经开始履行合同义务或者接受相对人履行的，视为对合同的追认。

9. 合同履行、变更、转让、撤销和终止

（1）合同履行

《中华人民共和国民法典》规定，当事人应当按照约定全面履行自己的义务。当事人应当遵循诚信原则，根据合同的性质、目的和交易习惯履行通知、协助、保密等义务。当事人在履行合同过程中，应当避免浪费资源、污染环境和破坏生态。

合同生效后，当事人不得因姓名、名称的变更或者法定代表人、负责人、承办人的变动而不履行合同义务。

（2）合同的变更

当事人协商一致，可以变更合同。当事人对合同变更的内容约定不明确的，推定为未变更。

1）合同的变更须经当事人双方协商一致。如果双方当事人就变更事项达成一致意见，则变更后的内容取代原合同的内容，当事人应当按照变更后的内容履行合同。如果一方当事人未经对方同意就改变合同的内容，不仅变更的内容对另一方没有约束力，其做法还是一种违约行为，应当承担违约责任。

2）对合同变更内容约定不明确的推定。合同变更的内容必须明确约定。如果当事人对于合同变更的内容约定不明确，则将被推定为未变更。任何一方不得要求对方履行约定不明确的变更内容。

3）合同基础条件变化的处理。合同成立后，合同的基础条件发生了当事人在订立合同时无法预见的、不属于商业风险的重大变化，继续履行合同对于当事人一方明显不公平的，受不利影响的当事人可以与对方重新协商；在合理期限内协商不成的，当事人可以请求人民法院或者仲裁机构变更或者解除合同。

（3）合同权利义务的转让

合同转让是当事人一方取得另一方同意后将合同的权利义务转让给第三方的法律行为。合同转让是合同变更的一种特殊形式，它不是变更合同中规定的权利义务内容，而是变更合同主体。

1）合同权利（债权）转让。

① 合同权利（债权）的转让范围：《中华人民共和国民法典》规定，债权人可以将债权的全部或者部分转让给第三人，但下列三种情形之一的除外：一是根据债权性质不得转让；二是当事人约定不得转让；三是依照法律规定不得转让。当事人约定非金钱债权不得转让的，不得对抗善意第三人。当事人约定金钱债权不得转让的，不得对抗第三人。

a. 根据债权性质不得转让的债权。债权是在债的关系中权利主体具备的能够要求义务主体为一定行为或者不为一定行为的权利。债权和债务一起共同构成债的内容。如果债权随意转让给第三人，会使债权债务关系发生变化，违反当事人订立合同的目的，使当事人的合法利益得不到应有的保护。

b. 按照当事人约定不得转让的债权。当事人订立合同时可以对债权的转让做出特别约定，禁止债权人将债权转让给第三人。这种约定只要是当事人真实意思的表示，同时不违反法律禁止性规定，即对当事人产生法律的效力。债权人如果将债权转让给他人，其行为将构成违约。

c. 依照法律规定不得转让的权利（债权）。《中华人民共和国民法典》规定，最高额抵押担保的债权确定前，部分债权转让的，最高额抵押权不得转让，但是当事人另有约定的除外。最高额抵押担保的债权确定前，抵押权人与抵押人可以通过协议变更债权确定的期间、债权范围以及最高债权额。但是，变更的内容不得对其他抵押权人产生不利影响。

② 合同权利（债权）的转让应当通知债权人。《中华人民共和国民法典》规定，债权

人转让债权，未通知债务人的，该转让对债务人不发生效力。债权转让的通知不得撤销，但是经受让人同意的除外。

需要说明的是，债权人转让权利应当通知债务人，未经通知的转让行为对债务人不发生效力，但债权人债权的转让无须得到债务人的同意。这一方面是尊重债权人对其权利的行使，另一方面也防止债权人滥用权利损害债务人的利益。当债务人接到权利转让的通知后，权利转让即行生效，原债权人被新的债权人替代，或者新债权人的加入使原债权人不再完全享有原债权。

③ 债务人对让与人的抗辩。《中华人民共和国民法典》规定，债务人接到债权转让通知后，债务人对让与人的抗辩，可以向受让人主张。

抗辩权是指债权人行使债权时，债务人根据法定事由对抗债权人行使请求权的权利。债务人的抗辩权是其固有的一项权利，并不随权利的转让而消灭。在权利转让的情况下，债务人可以向新债权人行使该权利。受让人不得以任何理由拒绝债务人权利的行使。

④ 从权利随同主权利转让。《中华人民共和国民法典》规定，债权人转让债权的，受让人取得与债权有关的从权利，但是该从权利专属于债权人自身的除外。受让人取得从权利不因该从权利未办理转移登记手续或者未转移占有而受到影响。

2）合同义务（债务）转让。《中华人民共和国民法典》规定，债务人将债务的全部或者部分转移给第三人的，应当经债权人同意。债务人或者第三人可以催告债权人在合理期限内予以同意，债权人未作表示的，视为不同意。

债务转移分为两种情况：一是债务的全部转移，在这种情况下，新的债务人完全取代了旧的债务人，新的债务人负责全面履行债务；另一种情况是债务的部分转移，即新的债务人加入到原债务中，与原债务人一起向债权人履行义务。无论是转移债务还是部分债务，债务人都需要征得债权人同意。未经债权人同意，债务人转移债务的行为对债权人不发生效力。

3）合同中权利和义务的一并转让

《中华人民共和国民法典》规定，当事人一方经对方同意，可以将自己在合同中的权利和义务一并转让给第三人。合同的权利和义务一并转让的，适用债权转让、债务转移的有关规定。

权利和义务一并转让，是指合同一方当事人将其权利和义务一并转移给第三人，由第三人全部地承受这些权利和义务。权利义务一并转让的后果，导致原合同关系的消灭，第三人取代了转让方的地位，产生出一种新的合同关系。只有经对方当事人同意，才能将合同的权利和义务一并转让。如果未经对方同意，一方当事人擅自一并转让权利和义务的，其转让行为无效，对方有权就转让行为对自己造成的损害，追究转让方的违约责任。

（4）可撤销合同

所谓可撤销合同，是指因意思表示不真实，通过有撤销权的机构行使撤销权，使已经生效的意思表示归于无效的合同。

1）可撤销合同的种类包括四类：因重大误解订立的合同、在订立合同时显失公平的合同、以欺诈手段订立的合同、以胁迫的手段订立的合同。

2）合同撤销权的行使。《中华人民共和国民法典》规定，有下列情形之一的，撤销权消灭：

① 当事人自知道或者应当知道撤销事由之日起1年内、重大误解的当事人自知道或者应当知道撤销事由之日起90日内没有行使撤销权。

② 当事人受胁迫，自胁迫行为终止之日起 1 年内没有行使撤销权。

③ 当事人知道撤销事由后明确表示或者以自己的行为表明放弃撤销权。当事人自民事法律行为发生之日起 5 年内没有行使撤销权的，撤销权消灭。

3) 被撤销合同的法律后果。《中华人民共和国民法典》规定，无效的或者被撤销的民事法律行为自始没有法律约束力。民事法律行为部分无效，不影响其他部分效力的，其他部分仍然有效。

（5）合同终止与违约责任

1) 合同终止的条件。合同的终止，是指依法生效的合同，因具备法定的或当事人约定的情形，合同的债权、债务归于消灭，债权人不再享有合同的权利，债务人也不必再履行合同的义务。

《中华人民共和国民法典》规定，有下列情形之一的，债权债务终止：

① 债务已经履行。

② 债务相互抵销。

③ 债务人依法将标的物提存。

④ 债权人免除债务。

⑤ 债权债务同归于一人。

⑥ 法律规定或者当事人约定终止的其他情形。合同解除的，该合同的权利义务关系终止。

2) 合同解除的种类。合同的解除分为两大类：

① 约定解除合同。《中华人民共和国民法典》规定，当事人协商一致，可以解除合同。当事人可以约定一方解除合同的事由。解除合同的事由发生时，解除权人可以解除合同。

② 法定解除合同。《中华人民共和国民法典》规定，有下列情形之一的，当事人可以解除合同：a. 因不可抗力致使不能实现合同目的。b. 在履行期限届满前，当事人一方明确表示或者以自己的行为表明不履行主要债务。c. 当事人一方延迟履行主要债务，经催告后在合理期限内仍未履行。d. 当事人一方延迟履行债务或者有其他违约行为致使不能实现合同目的。e. 法律规定的其他情形。以持续履行的债务为内容的不定期合同，当事人可以随时解除合同，但是应当在合理期限之前通知对方。

法定解除是法律直接规定解除合同的条件，当条件具备时，解除权人可直接行使解除权；约定解除则是双方的法律行为，单方行为不能导致合同的解除。

3) 解除合同的程序。《中华人民共和国民法典》规定，当事人一方依法主张解除合同的，应当通知对方。合同自通知到达对方时解除；通知载明债务人在一定期限内不履行债务则合同自动解除，债务人在该期限内未履行债务的，合同自通知载明的期限届满时解除。对方对解除合同有异议的，任何一方当事人均可以请求人民法院或者仲裁机构确认解除行为的效力。当事人一方未通知对方，直接以提起诉讼或者申请仲裁的方式依法主张解除合同，人民法院或者仲裁机构确认该主张的，合同自起诉状副本或者仲裁申请书副本送达对方时解除。

当事人对异议期限有约定的依照约定，没有约定的，最长期限 3 个月。

10. 违约责任及违约责任的免除

（1）违约责任

1) 违约责任及其特点。违约责任是指合同当事人不履行或者不适当履行合同义务所应承担的民事责任。当事人一方明确表示或者以自己的行为表明不履行合同义务的，对方可以在履行期限届满之前要求其承担违约责任。违约责任具有以下特点：

① 以有效合同为前提。与侵权责任和缔约过失责任不同，违约责任必须以当事人双方事先存在的有效合同关系为前提。

② 以合同当事人不履行或者不适当履行合同义务为要件。只有合同当事人不履行或者不适当履行合同义务时，才应承担违约责任。

③ 可由合同当事人在法定范围内约定。违约责任主要是一种赔偿责任，因此可由合同当事人在法律规定的范围内自行约定。

④ 违约责任是一种民事赔偿责任。首先，它是由违约方向守约方承担的民事责任，无论是违约金还是赔偿金，均是平等主体之间的支付关系；其次，违约责任的确定，通常应以补偿守约方的损失为标准。

2）违约责任的承担方式。

当事人一方不履行合同义务或者履行合同义务不符合约定的，应当承担继续履行、采取补救措施或者赔偿损失等违约责任。

① 继续履行。继续履行是指在合同当事人一方不履行合同义务或者履行合同义务不符合合同约定时，另一方合同当事人有权要求其在合同履行期限届满后继续按照原合同约定的主要条件履行合同义务的行为。继续履行是合同当事人一方违约时，其承担违约责任的首选方式。违反金钱债务时的继续履行。当事人一方未支付价款或者报酬的，对方可以要求其支付价款或者报酬。

违反非金钱债务时的继续履行。当事人一方不履行非金钱债务或者履行非金钱债务不符合约定的，对方可以要求履行，但有下列情形的除外：

a. 法律上或者事实上不能履行。

b. 债务的标的不适于强制履行或者履行费用过高。

c. 债权人在合理期限内未要求履行。

② 采取补救措施。如果合同标的物的质量不符合约定的，应当按照当事人的约定承担违约责任。对违约责任没有约定或者约定不明确的，可以协议补充；不能达成补充协议的，按照合同有关条款或者交易习惯确定。依照上述办法仍不能确定的，受损害方根据标的的性质以及损失的大小，可以合理选择要求对方承担修理、更换、重作、退货、减少价款或者报酬等违约责任。

③ 赔偿损失。当事人一方不履行合同义务或者履行合同义务不符合约定的，在履行义务或者采取补救措施后，对方还有其他损失的，应当赔偿损失。损失赔偿额应当相当于因违约所造成的损失，包括合同履行后可以获得的利益，但不得超过违反合同一方订立合同时预见到或者应当预见到的因违反合同可能造成的损失。

当事人一方违约后，对方应当采取适当措施防止损失的扩大；没有采取适当措施致使损失扩大的，不得就扩大的损失要求赔偿。当事人因防止损失扩大而支出的合理费用，由违约方承担。经营者对消费者提供商品或者服务有欺诈行为的，依照《中华人民共和国消费者权益保护法》的规定承担损害赔偿责任。

④ 违约金。当事人可以约定一方违约时应当根据违约情况向对方支付一定数额的违约金，也可以约定因违约产生的损失赔偿额的计算方法。约定的违约金低于造成的损失的，当

事人可以请求人民法院或者仲裁机构予以增加；约定的违约金过分高于造成的损失的，当事人可以请求人民法院或者仲裁机构予以适当减少。当事人就迟延履行约定违约金的，违约方支付违约金后，还应当履行债务。

⑤ 定金。当事人可以依照《中华人民共和国担保法》约定一方向对方给付定金作为债权的担保。债务人履行债务后，定金应当抵作价款或者收回。给付定金的一方不履行约定的债务的，无权要求返还定金；收受定金的一方不履行约定的债务的，应当双倍返还定金。

当事人既约定违约金，又约定定金的，一方违约时，对方可以选择适用违约金或者定金条款。

3）违约责任的承担主体。

① 合同当事人双方违约时违约责任的承担。当事人双方都违反合同的，应当各自承担相应的责任。

② 因第三人原因造成违约时违约责任的承担。当事人一方因第三人的原因造成违约的，应当向对方承担违约责任。当事人一方和第三人之间的纠纷，依照法律规定或者依照约定解决。

③ 违约责任与侵权责任的选择。因当事人一方的违约行为，侵害对方人身、财产权益的，受损害方有权选择依照《中华人民共和国民法典》要求其承担违约责任或者依照其他法律要求其承担侵权责任。

（2）不可抗力

当事人一方因不可抗力不能履行合同的，根据不可抗力的影响，部分或者全部免除责任，但是法律另有规定的除外。因不可抗力不能履行合同的，应当及时通知对方，以减轻可能给对方造成的损失，并应当在合理期限内提供证明。

当事人迟延履行后发生不可抗力的，不免除其违约责任。

11. 合同争议解决

合同争议是指合同当事人之间对合同履行状况和合同违约责任承担等问题所产生的意见分歧。合同争议的解决方式有和解、调解、仲裁或者诉讼。

（1）和解与调解

和解与调解是解决合同争议的常用和有效方式。当事人可以通过和解或者调解解决合同争议。

1）和解。和解是合同当事人之间发生争议后，在没有第三人介入的情况下，合同当事人双方在自愿、互谅的基础上，就已经发生的争议进行商谈并达成协议，自行解决争议的一种方式。和解方式简便易行，有利于加强合同当事人之间的协作，使合同能更好地得到履行。

2）调解。调解是指合同当事人于争议发生后，在第三者的主持下，根据事实、法律和合同，经过第三者的说服与劝解，使发生争议的合同当事人双方互谅、互让，自愿达成协议，从而公平、合理地解决争议的一种方式。与和解相同，调解也具有方法灵活、程序简便、节省时间和费用、不伤害发生争议的合同当事人双方的感情等特征，而且由于有第三者的介入，可以缓解发生争议的合同双方当事人之间的对立情绪，便于双方较为冷静、理智地考虑问题。同时，由于第三者常常能够站在较为公正的立场上，较为客观、全面地看待、分析争议的有关问题并提出解决方案，从而有利于争议的公正解决。参与调解的第三者不同，调解的性质也就不同。调解有民间调解、仲裁机构调解、法庭调解三种。

（2）仲裁

仲裁是指发生争议的合同当事人双方根据合同种种约定的仲裁条款或者争议发生后由其达成的书面仲裁协议，将合同争议提交给仲裁机构并由仲裁机构按照仲裁法律规范的规定居中裁决，从而解决合同争议的法律制度。当事人不愿协商、调解或协商、调解不成的，可以根据合同中的仲裁条款或事后达成的书面仲裁协议，提交仲裁机构仲裁。涉外合同的当事人可以根据仲裁协议向中国仲裁机构或者其他仲裁机构申请仲裁。

根据《中华人民共和国仲裁法》，对于合同争议的解决，实行"或裁或审制"。即发生争议的合同当事人双方只能在"仲裁"或者"诉讼"两种方式中选择一种方式解决其合同争议。仲裁裁决具有法律约束力。合同当事人应当自觉执行裁决。不执行的，另一方当事人可以申请有管辖权的人民法院强制执行。裁决做出后，当事人就同一争议再申请仲裁或者向人民法院起诉的，仲裁机构或者人民法院不予受理。但当事人对仲裁协议的效力有异议的，可以请求仲裁机构做出决定或者请求人民法院做出裁定。

（3）诉讼

诉讼是指合同当事人依法将合同争议提交人民法院受理，由人民法院依司法程序通过调查、做出判决、采取强制措施等来处理争议的法律制度。有下列情形之一的，合同当事人可以选择诉讼方式解决合同争议：

1）合同争议的当事人不愿和解、调解的。

2）经过和解、调解未能解决合同争议的。

3）当事人没有订立仲裁协议或者仲裁协议无效的。

4）仲裁裁决被人民法院依法裁定撤销或者不予执行的。

合同当事人双方可以在签订合同时约定选择诉讼方式解决合同争议，并依法选择有管辖权的人民法院，但不得违反《中华人民共和国民事诉讼法》关于级别管辖和专属管辖的规定。对于一般合同争议，由被告住所地或者合同履行地人民法院管辖。建设工程施工合同以施工行为地为合同履行地。

2.3 《中华人民共和国招标投标法》

1. 必须招标的范围

为了规范招标投标活动，保护国家利益、社会公共利益和招标投标活动当事人的合法权益，提高经济效益，保证项目质量，制定《中华人民共和国招标投标法》。在中华人民共和国境内进行招标投标活动，适用《中华人民共和国招标投标法》。

在中华人民共和国境内进行下列工程建设项目包括项目的勘察、设计、施工、监理以及与工程建设有关的重要设备、材料等的采购，必须进行招标：

1）大型基础设施、公用事业等关系社会公共利益、公众安全的项目。

2）全部或者部分使用国有资金投资或者国家融资的项目。

3）使用国际组织或者外国政府贷款、援助资金的项目。

音频2-3：必须招标的工程建设项目

前款所列项目的具体范围和规模标准，由国务院发展计划部门会同国务院有关部门制订，报国务院批准。法律或者国务院对必须进行招标的其他项目的范围有规定的，依照其规定。

任何单位和个人不得将依法必须进行招标的项目化整为零或者以其他任何方式规避招标。招标投标活动应当遵循公开、公平、公正和诚实信用的原则。

依法必须进行招标的项目，其招标投标活动不受地区或者部门的限制。任何单位和个人不得违法限制或者排斥本地区、本系统以外的法人或者其他组织参加投标，不得以任何方式非法干涉招标投标活动。

招标投标活动及其当事人应当接受依法实施的监督。有关行政监督部门依法对招标投标活动实施监督，依法查处招标投标活动中的违法行为。对招标投标活动的行政监督及有关部门的具体职权划分，由国务院规定。

2. 招标

招标人是依照《中华人民共和国招标投标法》规定提出招标项目、进行招标的法人或者其他组织。招标项目按照国家有关规定需要履行项目审批手续的，应当先履行审批手续，取得批准。招标人应当有进行招标项目的相应资金或者资金来源已经落实，并应当在招标文件中如实载明。

招标分为公开招标和邀请招标。公开招标，是指招标人以招标公告的方式邀请不特定的法人或者其他组织投标。邀请招标，是指招标人以投标邀请书的方式邀请特定的法人或者其他组织投标。

国务院发展计划部门确定的国家重点项目和省、自治区、直辖市人民政府确定的地方重点项目不适宜公开招标的，经国务院发展计划部门或者省、自治区、直辖市人民政府批准，可以进行邀请招标。

招标人有权自行选择招标代理机构，委托其办理招标事宜。任何单位和个人不得以任何方式为招标人指定招标代理机构。招标人具有编制招标文件和组织评标能力的，可以自行办理招标事宜。任何单位和个人不得强制其委托招标代理机构办理招标事宜。依法必须进行招标的项目，招标人自行办理招标事宜的，应当向有关行政监督部门备案。

招标代理机构是依法设立、从事招标代理业务并提供相关服务的社会中介组织。招标代理机构应当具备下列条件：

1）有从事招标代理业务的营业场所和相应资金。

2）有能够编制招标文件和组织评标的相应专业力量。

3）有符合《中华人民共和国招标投标法》第三十七条第三款规定条件、可以作为评标委员会成员人选的技术、经济等方面的专家库。

从事工程建设项目招标代理业务的招标代理机构，其资格由国务院或者省、自治区、直辖市人民政府的建设行政主管部门认定。具体办法由国务院建设行政主管部门会同国务院有关部门制定。从事其他招标代理业务的招标代理机构，其资格认定的主管部门由国务院规定。招标代理机构与行政机关和其他国家机关不得存在隶属关系或者其他利益关系。

招标代理机构应当在招标人委托的范围内办理招标事宜，并遵守《中华人民共和国招标投标法》关于招标人的规定。

招标人采用公开招标方式的，应当发布招标公告。依法必须进行招标的项目的招标公告，应当通过国家指定的报刊、信息网络或者其他媒介发布。招标公告应当载明招标人的名称和地址，招标项目的性质、数量、实施地点和时间以及获取招标文件的办法等事项。

招标人采用邀请招标方式的，应当向三个以上具备承担招标项目能力、资信良好的特定的法人或者其他组织发出投标邀请书。投标邀请书应当载明《中华人民共和国招标投标法》第十六条第二款规定的事项。

招标人可以根据招标项目本身的要求，在招标公告或者投标邀请书中，要求潜在投标人提供有关资质证明文件和业绩情况，并对潜在投标人进行资格审查；国家对投标人的资格条件有规定的，依照其规定。招标人不得以不合理的条件限制或者排斥潜在投标人，不得对潜在投标人实行歧视待遇。

招标人应当根据招标项目的特点和需要编制招标文件。招标文件应当包括招标项目的技术要求、对投标人资格审查的标准、投标报价要求和评标标准等所有实质性要求和条件以及拟签订合同的主要条款。国家对招标项目的技术、标准有规定的，招标人应当按照其规定在招标文件中提出相应要求。招标项目需要划分标段、确定工期的，招标人应当合理划分标段、确定工期，并在招标文件中载明。

招标文件不得要求或者标明特定的生产供应者以及含有倾向或者排斥潜在投标人的其他内容。招标人根据招标项目的具体情况，可以组织潜在投标人踏勘项目现场。招标人不得向他人透露已获取招标文件的潜在投标人的名称、数量以及可能影响公平竞争的有关招标投标的其他情况。招标人设有标底的，标底必须保密。

招标人对已发出的招标文件进行必要的澄清或者修改的，应当在招标文件要求提交投标文件截止时间至少十五日前，以书面形式通知所有招标文件收受人。该澄清或者修改的内容为招标文件的组成部分。

招标人应当确定投标人编制投标文件所需要的合理时间；但是，依法必须进行招标的项目，自招标文件开始发出之日起至投标人提交投标文件截止之日止，最短不得少于二十日。

3. 投标

投标人是响应招标、参加投标竞争的法人或者其他组织。依法招标的科研项目允许个人参加投标的，投标的个人适用《中华人民共和国招标投标法》有关投标人的规定。

投标人应当具备承担招标项目的能力；国家有关规定对投标人资格条件或者招标文件对投标人资格条件有规定的，投标人应当具备规定的资格条件。

投标人应当按照招标文件的要求编制投标文件。投标文件应当对招标文件提出的实质性要求和条件作出响应。招标项目属于建设施工的，投标文件的内容应当包括拟派出的项目负责人与主要技术人员的简历、业绩和拟用于完成招标项目的机械设备等。

投标人应当在招标文件要求提交投标文件的截止时间前，将投标文件送达投标地点。招标人收到投标文件后，应当签收保存，不得开启。投标人少于三个的，招标人应当依照《中华人民共和国招标投标法》重新招标。在招标文件要求提交投标文件的截止时间后送达的投标文件，招标人应当拒收。

投标人在招标文件要求提交投标文件的截止时间前，可以补充、修改或者撤回已提交的投标文件，并书面通知招标人。补充、修改的内容为投标文件的组成部分。

投标人根据招标文件载明的项目实际情况，拟在中标后将中标项目的部分非主体、非关键性工作进行分包的，应当在投标文件中载明。

两个以上法人或者其他组织可以组成一个联合体，以一个投标人的身份共同投标。联合体各方均应当具备承担招标项目的相应能力；国家有关规定或者招标文件对投标人资格条件有规定的，联合体各方均应当具备规定的相应资格条件。由同一专业的单位组成的联合体，按照资质等级较低的单位确定资质等级。联合体各方应当签订共同投标协议，明确约定各方拟承担的工作和责任，并将共同投标协议连同投标文件一并提交招标人。联合体中标的，联合体各方应当共同与招标人签订合同，就中标项目向招标人承担连带责任。

招标人不得强制投标人组成联合体共同投标，不得限制投标人之间的竞争。

投标人不得相互串通投标报价，不得排挤其他投标人的公平竞争，损害招标人或者其他投标人的合法权益。投标人不得与招标人串通投标，损害国家利益、社会公共利益或者他人的合法权益。禁止投标人以向招标人或者评标委员会成员行贿的手段谋取中标。

投标人不得以低于成本的报价竞标，也不得以他人名义投标或者以其他方式弄虚作假，骗取中标。

4. 开标、评标和中标

（1）开标

开标应当在招标文件确定的提交投标文件截止时间的同一时间公开进行；开标地点应当为招标文件中预先确定的地点。开标由招标人主持，邀请所有投标人参加。

开标时，由投标人或者其推选的代表检查投标文件的密封情况，也可以由招标人委托的公证机构检查并公证；经确认无误后，由工作人员当众拆封，宣读投标人名称、投标价格和投标文件的其他主要内容。

招标人在招标文件要求提交投标文件的截止时间前收到的所有投标文件，开标时都应当当众予以拆封、宣读。开标过程应当记录，并存档备查。

（2）评标

评标由招标人依法组建的评标委员会负责。依法必须进行招标的项目，其评标委员会由招标人代表和有关技术、经济等方面的专家组成，成员人数为五人以上单数，其中技术、经济等方面的专家不得少于成员总数的三分之二。

前款专家应当从事相关领域工作满八年并具有高级职称或者具有同等专业水平，由招标人从国务院有关部门或者省、自治区、直辖市人民政府有关部门提供的专家名册或者招标代理机构的专家库内的相关专业的专家名单中确定；一般招标项目可以采取随机抽取方式，特殊招标项目可以由招标人直接确定。

与投标人有利害关系的人不得进入相关项目的评标委员会；已经进入的应当更换。评标委员会成员的名单在中标结果确定前应当保密。

招标人应当采取必要的措施，保证评标在严格保密的情况下进行。任何单位和个人不得非法干预、影响评标的过程和结果。

评标委员会可以要求投标人对投标文件中含义不明确的内容作必要的澄清或者说明，但是澄清或者说明不得超出投标文件的范围或者改变投标文件的实质性内容。

评标委员会应当按照招标文件确定的评标标准和方法，对投标文件进行评审和比较；设有标底的，应当参考标底。评标委员会完成评标后，应当向招标人提出书面评标报告，并推荐合格的中标候选人。

招标人根据评标委员会提出的书面评标报告和推荐的中标候选人确定中标人。招标人也可以授权评标委员会直接确定中标人。国务院对特定招标项目的评标有特别规定的，从其规定。

（3）中标

中标人的投标应当符合下列条件之一：

1）能够最大限度地满足招标文件中规定的各项综合评价标准。

2）能够满足招标文件的实质性要求，并且经评审的投标价格最低；但是投标价格低于成本的除外。

评标委员会经评审，认为所有投标都不符合招标文件要求的，可以否决所有投标。依法必须进行招标的项目的所有投标被否决的，招标人应当重新招标。

在确定中标人前，招标人不得与投标人就投标价格、投标方案等实质性内容进行谈判。

评标委员会成员应当客观、公正地履行职务，遵守职业道德，对所提出的评审意见承担个人责任。

评标委员会成员不得私下接触投标人，不得收受投标人的财物或者其他好处。评标委员会成员和参与评标的有关工作人员不得透露对投标文件的评审和比较、中标候选人的推荐情况以及与评标有关的其他情况。

中标人确定后，招标人应当向中标人发出中标通知书，并同时将中标结果通知所有未中标的投标人。中标通知书对招标人和中标人具有法律效力。中标通知书发出后，招标人改变中标结果的，或者中标人放弃中标项目的，应当依法承担法律责任。

招标人和中标人应当自中标通知书发出之日起三十日内，按照招标文件和中标人的投标文件订立书面合同。招标人和中标人不得再行订立背离合同实质性内容的其他协议。招标文件要求中标人提交履约保证金的，中标人应当提交。

依法必须进行招标的项目，招标人应当自确定中标人之日起十五日内，向有关行政监督部门提交招标投标情况的书面报告。

中标人应当按照合同约定履行义务，完成中标项目。中标人不得向他人转让中标项目，也不得将中标项目肢解后分别向他人转让。中标人按照合同约定或者经招标人同意，可以将中标项目的部分非主体、非关键性工作分包给他人完成。接受分包的人应当具备相应的资格条件，并不得再次分包。中标人应当就分包项目向招标人负责，接受分包的分包人就分包项目承担连带责任。

5. 法律责任

违反《中华人民共和国招标投标法》规定，必须进行招标的项目而不招标的，将必须进行招标的项目化整为零或者以其他任何方式规避招标的，责令限期改正，可以处项目合同金额千分之五以上千分之十以下的罚款；对全部或者部分使用国有资金的项目，可以暂停项目执行或者暂停资金拨付；对单位直接负责的主管人员和其他直接责任人员依法给予处分。

招标代理机构违反《中华人民共和国招标投标法》规定，泄露应当保密的与招标投标活动有关的情况和资料的，或者与招标人、投标人串通损害国家利益、社会公共利益或者他人合法权益的，处五万元以上二十五万元以下的罚款，对单位直接负责的主管人员和其他直接责任人员处单位罚款数额百分之五以上百分之十以下的罚款；有违法所得的，并处没收违法所得；情节严重的，暂停直至取消招标代理资格；构成犯罪的，依法追究刑事责任。给他人造成损失的，依法承担赔偿责任。前款所列行为影响中标结果的，中标无效。

　　招标人以不合理的条件限制或者排斥潜在投标人的，对潜在投标人实行歧视待遇的，强制要求投标人组成联合体共同投标的，或者限制投标人之间竞争的，责令改正，可以处一万元以上五万元以下的罚款。

　　依法必须进行招标的项目的招标人向他人透露已获取招标文件的潜在投标人的名称、数量或者可能影响公平竞争的有关招标投标的其他情况的，或者泄露标底的，给予警告，可以并处一万元以上十万元以下的罚款；对单位直接负责的主管人员和其他直接责任人员依法给予处分；构成犯罪的，依法追究刑事责任。前款所列行为影响中标结果的，中标无效。

　　投标人相互串通投标或者与招标人串通投标的，投标人以向招标人或者评标委员会成员行贿的手段谋取中标的，中标无效，处中标项目金额千分之五以上千分之十以下的罚款，对单位直接负责的主管人员和其他直接责任人员处单位罚款数额百分之五以上百分之十以下的罚款；有违法所得的，并处没收违法所得；情节严重的，取消其一年至二年内参加依法必须进行招标的项目的投标资格并予以公告，直至由工商行政管理机关吊销营业执照；构成犯罪的，依法追究刑事责任。给他人造成损失的，依法承担赔偿责任。

　　投标人以他人名义投标或者以其他方式弄虚作假，骗取中标的，中标无效，给招标人造成损失的，依法承担赔偿责任；构成犯罪的，依法追究刑事责任。

　　依法必须进行招标的项目的投标人有前款所列行为尚未构成犯罪的，处中标项目金额千分之五以上千分之十以下的罚款，对单位直接负责的主管人员和其他直接责任人员处单位罚款数额百分之五以上百分之十以下的罚款；有违法所得的，并处没收违法所得；情节严重的，取消其一年至三年内参加依法必须进行招标的项目的投标资格并予以公告，直至由工商行政管理机关吊销营业执照。

　　依法必须进行招标的项目，招标人违反《中华人民共和国招标投标法》规定，与投标人就投标价格、投标方案等实质性内容进行谈判的，给予警告，对单位直接负责的主管人员和其他直接责任人员依法给予处分。

　　评标委员会成员收受投标人的财物或者其他好处的，评标委员会成员或者参加评标的有关工作人员向他人透露对投标文件的评审和比较、中标候选人的推荐以及与评标有关的其他情况的，给予警告，没收收受的财物，可以并处三千元以上五万元以下的罚款，对有所列违法行为的评标委员会成员取消担任评标委员会成员的资格，不得再参加任何依法必须进行招标的项目的评标；构成犯罪的，依法追究刑事责任。

　　招标人在评标委员会依法推荐的中标候选人以外确定中标人的，依法必须进行招标的项目在所有投标被评标委员会否决后自行确定中标人的，中标无效。责令改正，可以处中标项目金额千分之五以上千分之十以下的罚款；对单位直接负责的主管人员和其他直接责任人员依法给予处分。

　　中标人将中标项目转让给他人的，将中标项目肢解后分别转让给他人的，违反《中华人民共和国招标投标法》规定将中标项目的部分主体、关键性工作分包给他人的，或者分包人再次分包的，转让、分包无效，处转让、分包项目金额千分之五以上千分之十以下的罚款；有违法所得的，并处没收违法所得；可以责令停业整顿；情节严重的，由工商行政管理机关吊销营业执照。

　　招标人与中标人不按照招标文件和中标人的投标文件订立合同的，或者招标人、中标人订立背离合同实质性内容的协议的，责令改正；可以处中标项目金额千分之五以上千分之十以下的罚款。

中标人不履行与招标人订立的合同的，履约保证金不予退还，给招标人造成的损失超过履约保证金数额的，还应当对超过部分予以赔偿；没有提交履约保证金的，应当对招标人的损失承担赔偿责任。

中标人不按照与招标人订立的合同履行义务，情节严重的，取消其二至五年内参加依法必须进行招标的项目的投标资格并予以公告，直至由工商行政管理机关吊销营业执照。因不可抗力不能履行合同的，不适用前两款规定。

上述行政处罚，由国务院规定的有关行政监督部门决定。《中华人民共和国招标投标法》已对实施行政处罚的机关做出规定的除外。

任何单位违反《中华人民共和国招标投标法》规定，限制或者排斥本地区、本系统以外的法人或者其他组织参加投标的，为招标人指定招标代理机构的，强制招标人委托招标代理机构办理招标事宜的，或者以其他方式干涉招标投标活动的，责令改正；对单位直接负责的主管人员和其他直接责任人员依法给予警告、记过、记大过的处分，情节较重的，依法给予降级、撤职、开除的处分。个人利用职权进行前款违法行为的，依照前款规定追究责任。

对招标投标活动依法负有行政监督职责的国家机关工作人员徇私舞弊、滥用职权或者玩忽职守，构成犯罪的，依法追究刑事责任；不构成犯罪的，依法给予行政处分。

依法必须进行招标的项目违反《中华人民共和国招标投标法》规定，中标无效的，应当依照《中华人民共和国招标投标法》规定的中标条件从其余投标人中重新确定中标人或者依照《中华人民共和国招标投标法》重新进行招标。

6. 附则

投标人和其他利害关系人认为招标投标活动不符合《中华人民共和国招标投标法》有关规定的，有权向招标人提出异议或者依法向有关行政监督部门投诉。

涉及国家安全、国家秘密、抢险救灾或者属于利用扶贫资金实行以工代赈、需要使用农民工等特殊情况，不适宜进行招标的项目，按照国家有关规定可以不进行招标。

使用国际组织或者外国政府贷款、援助资金的项目进行招标，贷款方、资金提供方对招标投标的具体条件和程序有不同规定的，可以适用其规定，但违背我国社会公共利益的除外。

2.4 其他相关法律法规

1. 《中华人民共和国政府采购法》相关内容

《中华人民共和国政府采购法》所称政府采购，是指各级国家机关、事业单位和团体组织，使用财政性资金采购依法制定的集中采购目录以内的或采购限额标准以上的货物、工程和服务的行为。政府采购工程进行招标投标的，适用《中华人民共和国招标投标法》。政府采购实行集中采购和分散采购相结合。集中采购的范围由省级以上人民政府公布的集中采购目录确定。

（1）政府采购当事人

采购人采购纳入集中采购目录的政府采购项目，必须委托集中采购机构代理采购；采购未纳入集中采购目录的政府采购项目，可以自行采购，也可以委托集中采购机构在委托的范围内代理采购。

采购人可以根据采购项目的特殊要求，规定供应商的特定条件，但不得以不合理的条件对供应商实行差别待遇或者歧视待遇。两个以上的自然人、法人或者其他组织可以组成一个联合体，以一个供应商的身份共同参加政府采购。

（2）政府采购方式

政府采购可采用的方式有公开招标、邀请招标、竞争性谈判、单一来源采购、询价，以及国务院政府采购监督管理部门认定的其他采购方式。公开招标应作为政府采购的主要采购方式。

1）公开招标。采购货物或服务应当采用公开招标方式的，其具体数额标准，属于中央预算的政府采购项目，由国务院规定；属于地方预算的政府采购项目，由省、自治区、直辖市人民政府规定；因特殊情况需要采用公开招标以外的采购方式的，应当在采购活动开始前获得设区的市、自治州以上人民政府采购监督管理部门的批准。

2）邀请招标。符合下列情形之一的货物或服务，可采用邀请招标方式采购。

① 具有特殊性，只能从有限范围的供应商处采购的。

② 采用公开招标方式的费用占政府采购项目总价值的比例过大的。

3）竞争性谈判。符合下列情形之一的货物或服务，可采用竞争性谈判方式采购：

① 招标后没有供应商投标或没有合格标的或重新招标未能成立的。

② 技术复杂或性质特殊，不能确定详细规格或具体要求的。

③ 采用招标所需时间不能满足用户紧急需要的。

④ 不能事先计算出价格总额的。

4）单一来源采购。符合下列情形之一的货物或服务，可以采用单一来源方式采购：

① 只能从唯一供应商处采购的。

② 发生不可预见的紧急情况，不能从其他供应商处采购的。

③ 必须保证原有采购项目一致性或服务配套的要求，需要继续从原供应商处添购，且添购资金总额不超过原合同采购金额 10% 的。

5）询价。采购的货物规格、标准统一、现货货源充足且价格变化幅度小的政府采购项目，可以采用询价方式采购。

（3）政府采购合同

政府采购合同应当采用书面形式。采购人可以委托采购代理机构代表与供应商签订政府采购合同。由采购代理机构以采购人名义签订合同的，应当提交采购人的授权委托书，作为合同附件。

经采购人同意，中标、成交供应商可依法采取分包方式履行合同。政府采购合同履行中，采购人需追加与合同标的相同的货物、工程或服务的，在不改变合同其他条款的前提下，可以与供应商协商签订补充合同，但所有补充合同的采购金额不得超过原合同采购金额的 10%。

（4）《中华人民共和国政府采购法实施条例》相关内容

《中华人民共和国政府采购法实施条例》进一步明确了政府采购当事人、政府采购方式、政府采购程序、政府采购合同、质疑与投诉等方面的内容，并明确国家实行统一的政府采购电子交易平台建设标准，推动利用信息网络进行电子化政府采购活动。

1）政府采购当事人。采购人或者采购代理机构有下列情形之一的，属于以不合理的条件对供应商实行差别待遇或者歧视待遇：

① 就同一采购项目向供应商提供有差别的项目信息。

② 设定的资格、技术、商务条件与采购项目的具体特点和实际需要不相适应或者与合同履行无关。

③ 采购需求中的技术、服务等要求指向特定供应商、特定产品。

④ 以特定行政区域或者特定行业的业绩、奖项作为加分条件或者中标、成交条件。

⑤ 对供应商采取不同的资格审查或者评审标准。

⑥ 限定或者指定特定的专利、商标、品牌或者供应商。

⑦ 非法限定供应商的所有制形式、组织形式或者所在地。

⑧ 以其他不合理条件限制或者排斥潜在供应商。

2）政府采购方式。列入集中采购目录的项目，适合实行批量集中采购的，应当实行批量集中采购，但紧急的小额零星货物项目和有特殊要求的服务、工程项目除外。政府采购工程依法不进行招标的，应当依照政府采购法律法规规定的竞争性谈判或者单一来源采购方式采购。

3）政府采购的内容。

① 招标文件。招标文件的提供期限自招标文件开始发出之日起不得少于 5 个工作日。采购人或者采购代理机构可以对已发出的招标文件进行必要的澄清或者修改。澄清或者修改的内容可能影响投标文件编制的，采购人或者采购代理机构应当在投标截止时间至少 15 日前，以书面形式通知所有获取招标文件的潜在投标人；不足 15 日的，采购人或者采购代理机构应当顺延提交投标文件的截止时间。

② 投标保证金。招标文件要求投标人提交投标保证金的，投标保证金不得超过采购项目预算金额的 2%。

③ 评标程序。政府采购招标评标方法分为最低评标价法和综合评分法。技术、服务等标准统一的货物和服务项目，应当采用最低评标价法。采用综合评分法的，评审标准中的分值设置应当与评审因素的量化指标相对应。招标文件中没有规定的评标标准不得作为评审的依据。

4）政府采购合同。采购文件要求中标或者成交供应商提交履约保证金的，供应商应当以支票、汇票、本票或者金融机构、担保机构出具的保函等非现金形式提交。履约保证金的数额不得超过政府采购合同金额的 10%。

中标或者成交供应商拒绝与采购人签订合同的，采购人可以按照评审报告推荐的中标或者成交候选人名单排序，确定下一候选人为中标或者成交供应商，也可以重新开展政府采购活动。

采购人应当按照政府采购合同规定，及时向中标或者成交供应商支付采购资金。政府采购项目资金支付程序，按照国家有关财政资金支付管理的规定执行。

2.《中华人民共和国价格法》相关内容

《中华人民共和国价格法》中所称价格，包括商品价格和服务价格。商品价格是指各类有形产品和无形资产的价格。服务价格是指各类有偿服务的收费。

（1）价格形成机制

国家实行并逐步完善宏观经济调控下主要由市场形成价格的机制。价格的制定应当符合价值规律，大多数商品和服务价格实行市场调节价，极少数商品和服务价格实行政府指导价或者政府定价。

1）市场调节价。它是指由经营者自主制定，通过市场竞争形成的价格。

2）政府指导价。它是指依照《中华人民共和国价格法》规定，由政府价格主管部门或者其他有关部门，按照定价权限和范围规定基准价及其浮动幅度，指导经营者制定的价格。

3）政府定价。它是指依照《中华人民共和国价格法》规定，由政府价格主管部门或者其他有关部门，按照定价权限和范围制定的价格。

（2）经营者价格行为

1）经营者权利。经营者进行价格活动，享有下列权利：自主制定属于市场调节的价格。在政府指导价规定的幅度内制定价格。制定属于政府指导价、政府定价产品范围内的新产品的试销价格，特定产品除外。检举、控告侵犯其依法自主定价权利的行为。

2）经营者义务。经营者销售、收购商品和提供服务，应当按照政府价格主管部门的规定明码标价，注明商品的品名、产地、规格、等级、计价单位、价格或者服务的项目、收费标准等有关情况。

经营者不得在标价之外加价出售商品，不得收取任何未予标明的费用。各类中介机构提供有偿服务收取费用，应当遵守《中华人民共和国价格法》规定。法律另有规定的，按照有关规定执行。

（3）经营者禁止行为

经营者不得有下列不正当价格行为：相互串通，操纵市场价格，损害其他经营者或者消费者的合法权益；在依法降价处理鲜活商品、季节性商品、积压商品等商品外，为了排挤竞争对手或者独占市场，以低于成本的价格倾销，扰乱正常的生产经营秩序，损害国家利益或者其他经营者的合法权益；捏造、散布涨价信息，哄抬价格，推动商品价格过高上涨；利用虚假的或者使人误解的价格手段，诱骗消费者或者其他经营者与其进行交易；提供相同商品或者服务，对具有同等交易条件的其他经营者实行价格歧视；采取抬高等级或者压低等级等手段收购、销售商品或者提供服务，变相提高或者压低价格；违反法律、法规的规定牟取暴利；法律、行政法规禁止的其他不正当价格行为。

（4）政府定价行为

下列商品和服务价格，政府在必要时可以实行政府指导价或者政府定价：与国民经济发展和人民生活关系重大的极少数商品价格；资源稀缺的少数商品价格；自然垄断经营的商品价格；重要的公用事业价格；重要的公益性服务价格。

制定政府指导价、政府定价，应当依据有关商品或者服务的社会平均成本和市场供求状况、国民经济与社会发展要求以及社会承受能力，实行合理的购销差价、批零差价、地区差价和季节差价。

制定关系群众切身利益的公用事业价格、公益性服务价格、自然垄断经营的商品价格等政府指导价、政府定价，应当建立听证会制度，由政府价格主管部门主持，征求消费者、经营者和有关方面的意见，论证其必要性、可行性。政府指导价、政府定价制定后，由制定价格的部门向消费者、经营者公布。

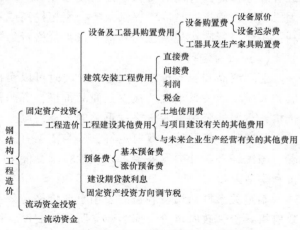

第3章 钢结构工程造价概述

3.1 工程造价的含义及构成

1. 工程造价的含义

（1）第一种含义

工程造价是指进行某项工程建设花费的全部费用，即该工程项目有计划地进行固定资产再生产、形成相应无形资产和铺底流动资金的一次性费用总和。显然，这一含义是从投资者——业主的角度来定义的。投资者选定一个项目后，就要通过项目评估进行决策，然后进行设计招标、工程招标，直到竣工验收等一系列投资管理活动。在投资活动中所支付的全部费用形成了固定资产和无形资产。所有这些开支就构成了工程造价。从这个意义上讲，工程造价就是工程投资费用，建设项目工程造价就是建设项目固定资产投资。

（2）第二种含义

工程造价是指工程价格，即为建成一项工程，预计或实际在土地市场、设备市场、技术劳务市场等交易活动中所形成的建筑安装工程的价格和建设工程总价格。显然，工程造价的第二种含义是以社会主义商品经济和市场经济为前提的。它以工程这种特定的商品形成作为交换对象，通过招标投标、承发包或其他交易形成，在进行多次性预估的基础上，最终由市场形成的价格。通常是把工程造价的第二种含义认定为工程承发包价格。

所谓工程造价的两种含义是以不同角度把握同一事物的本质。以建设工程的投资者来讲工程造价就是项目投资，是"购买"项目付出的价格；同时也是投资者在作为市场供给主体时"出售"项目时定价的基础。对于承包商来讲，工程造价是他们作为市场供给主体出售商品和劳务的价格的总和，或是特指范围的工程造价，如建筑安装工程造价。

2. 工程造价的构成

我国现行钢结构工程造价构成主要可划分为设备及工器具购置费用、建筑安装工程费用、工程建设其他费用、预备费、建设期贷款利息和固定资产投资方向调节税等几项。具体内容如图 3-1 所示。

图 3-1 现行钢结构工程造价构成

3.2　钢结构工程定额计价

3.2.1　钢结构工程定额计价的特点与作用

1. 钢结构工程定额计价的特点

（1）科学性

工程建设定额的科学性包括两重含义：一重含义是指工程建设定额和生产力发展水平相适应，反映出工程建设中生产消费的客观规律；另一重含义是指工程建设定额管理在理论、方法和手段上适应现代科学技术和信息社会发展的需要。

工程建设定额的科学性，首先表现在用科学的态度制定定额，尊重客观实际，力求定额水平合理；其次表现在制定定额的技术方法上，利用现代科学管理的成就，形成一套系统的、完整的、在实践中行之有效的方法；再次，表现在定额制定和贯彻的一体化。制定是为了提供贯彻的依据，贯彻是为了实现管理的目标，也是对定额的信息反馈。

（2）系统性

工程建设定额是相对独立的系统。它是由多种定额结合而成的有机整体。它的结构复杂，有鲜明的层次和明确的目标。

工程建设定额的系统性是由工程建设的特点决定的。按照系统论的观点，工程建设就是庞大的实体系统。工程建设定额是为这个实体系统服务的。因而工程建设本身的多种类、多层次就决定了以它为服务对象的工程建设定额的多种类、多层次。从整个国民经济来看，进行固定资产生产和再生产的工程建设，是由多项工程集合的整体。其中包括农林水利、轻纺、机械、煤炭、电力、石油、冶金、化工、建材工业、交通运输、邮电工程，以及商业物资、科学教育文化、卫生体育、社会福利和住宅工程等。这些工程的建设都有严格的项目划分，如建设项目、单项工程、单位工程、分部分项工程；在计划和实施过程中有严密的逻辑阶段，如规划、可行性研究、设计、施工、竣工交付使用以及投入使用后的维修。为了与此相适应，必然形成工程建设定额的多种类、多层次。

（3）统一性

工程建设定额的统一性，主要是由国家对经济发展的计划的宏观调控职能决定的。为了使国民经济按照既定的目标发展，就需要借助于某些标准、定额、参数等，对工程建设进行规划、组织、调节、控制。而这些标准、定额、参数必须在一定范围内是一种统一的尺度，才能实现上述职能，才能利用它对项目的决策、设计方案、投标报价、成本控制进行比较和评价。

工程建设定额的统一性按照其影响力和执行范围来看，有全国统一定额、地区统一定额和行业统一定额等；按照定额的制定、颁布和贯彻使用来看，有统一的程序、统一的原则、统一的要求和统一的用途。

在生产资料私有制的条件下，定额的统一性是很难想象的，充其量也只是工程量计算规则的统一和信息提供。我国工程建设定额的统一性和工程建设本身的巨大投入和巨大产出有关。它对国民经济的影响不仅表现在投资的总规模和全部建设项目的投资效益等方面，而且往往表现在具体建设项目的投资数额及其投资效益方面。因而需要借助统一的工程建设定额进行社会监督。这一点和工业生产、农业生产中的工时定额、原材料定额也是不同的。

（4）权威性

工程建设定额具有很强的权威性，这种权威性在一些情况下具有经济法规性质。权威性反映统一的意志和要求，也反映信誉和信赖程度以及定额的严肃性。

工程建设定额的权威性的客观基础是定额的科学性。只有科学的定额才具有权威性。但是在社会主义市场经济条件下，它必须涉及各有关方面的经济关系和利益关系。赋予工程建设定额一定的权威性，就意味着在规定的范围内，对于定额的使用者和执行者来讲，不论主观上愿意还是不愿意，都必须按定额的规定执行。在当前市场不规范的情况下，赋予工程建设定额权威性是十分重要的。但在竞争机制引入工程建设的情况下，定额的水平必然会受市场供求状况的影响，从而在执行中可能产生定额水平的浮动。

应该提出的是，在社会主义市场经济条件下，对定额的权威性不应绝对化。定额的科学性会受到人们认识的局限，定额的权威性也会受到限制。随着投资体制的改革和投资主体多元化格局的形成，企业经营机制随之转换，它们都可以根据市场的变化和自身的情况，自主地调整自身的决策行为。一些与经营决策有关的工程建设定额的权威性特征，自然也就弱化了。但直接与施工生产相关的定额，在企业经营机制转换和增长方式的要求下，其权威性还必须进一步强化。

（5）稳定性和时效性

工程建设定额中的任何一种都是一定时期技术发展和管理水平的反映，因而在一段时间内必须处于相对稳定的状态。稳定的时间有长有短，一般在5~10年。保持定额的稳定性是维护定额的权威性所必需的，更是有效地贯彻定额所必需的。如果某种定额处于经常修改变动之中，那么必然造成执行中的困难和混乱，使人们感到没有必要去认真对待它，从而容易导致定额权威性的丧失。工程建设定额的不稳定也会给定额的编制工作带来极大的困难。但是工程建设定额的稳定性是相对的。当生产力向前发展了，定额就会与已经发展了的生产力不相适应。这样，原有的作用就会逐步减弱以至消失，需要重新编制或修订。

2. 钢结构工程定额计价的作用

1）定额是编制工程计划、组织和管理施工的重要依据。为了更好地组织和管理施工生产，必须编制施工进度计划和施工作业计划。在编制计划和组织管理施工生产中，直接或间接地要以各种定额来作为计算人力、物力和资金需用量的依据。

2）定额是确定工程造价的依据。在有了设计文件规定的工程规模、工程数量及施工方法之后，即可以依据相应定额所规定的人工、材料、机械台班的消耗量，以及单位预算价值和各种费用标准来确定工程造价。

3）定额是建筑企业实行经济责任制的重要环节。当前，全国建筑企业正在全面推行经济改革，而改革的关键是推行投资包干制和以招标、投标、承包为核心的经济责任制。其中签订投资包干协议、计算招标标底和投标报价、签订总包和分包合同协议等，通常都以工程定额为主要依据。

4）定额是总结先进生产方法的手段。定额是在平均先进合理的条件下，通过对施工生产过程的观察、分析综合制定的。它比较科学地反映出生产技术和劳动组织的先进合理程度。因此，可以以定额的标定方法为手段，对同一建筑产品在同一施工操作条件下的不同生产方式进行观察、分析和总结，从而得出一套比较完整的先进生产方法，在施工生产中推广应用，使劳动生产率得到普遍提高。

3.2.2 钢结构工程定额计价的分类

工程定额是工程建设中各类定额的总称。为对工程定额有一个全面的了解，可以按照不同的原则和方法对其进行科学的分类。

1. 按照反映的生产要素消耗内容分类

按照反映的生产要素消耗内容，可将建设工程定额分为劳动消耗定额、材料消耗定额和机械台班定额。

1）劳动消耗定额。简称劳动定额，也称人工定额，是指完成一定数量的合格产品（工程实体或劳务）规定活劳动消耗的数量标准。劳动定额大多采用工作时间消耗量来计算劳动消耗的数量。劳动定额的主要表现形式是时间定额，但同时也表现为产量定额。时间定额与产量定额互为倒数。

2）材料消耗定额。简称材料定额，是指完成一定数量的合格产品所消耗材料的数量标准。

3）机械台班定额。又称机械消耗定额，以一台机械一个工作班为计量单位。机械消耗定额是指为完成一定数量的合格产品（工程实体或劳务）所规定的施工机械消耗的数量标准。机械消耗定额的主要表现形式是机械时间定额，同时也表现为产量定额。

2. 按照编制程序和用途分类

按照编制程序和用途，可将建设工程定额分为施工定额、预算定额（基础定额）、概算定额、概算指标和投资估算指标五种。

1）施工定额。它是以同一性质的施工过程或工序作为研究对象，表示生产产品数量与时间消耗综合关系的定额。施工定额是施工企业（建筑安装企业）为组织生产和加强管理在企业内部使用的一种定额，属于企业定额的性质。施工定额是工程建设定额中分项最细、定额子目最多的一种定额，也是工程建设定额中的基础性定额。施工定额主要直接用于工程的施工管理，同时也是编制预算定额的基础。

2）预算定额。它是以建筑物或构筑物各个分部分项工程为对象编制的定额，包括劳动定额、机械台班定额和材料消耗定额三个基本部分，是一种计价性定额。预算定额是以施工定额为基础综合扩大编制的，同时也是编制概算定额的基础。它是编制施工图预算的重要基础，同时也可以用作编制施工组织设计、施工技术财务计划的参考。

3）概算定额。它是以扩大的分部分项工程为对象编制的是计算和确定劳动、机械台班、材料消耗量所使用的定额，也是一种计价性定额。概算定额一般是在预算定额的基础上综合扩大而成的，每一综合分项概算定额都包含了数项预算定额。它是编制扩大初步设计概算、确定建设项目投资额的依据。

4）概算指标。它是预算定额的扩大与合并，是以整个建筑物和构筑物为对象，以更为扩大的计量单位来编制的，包括劳动、机械台班和材料定额三个基本部分，同时还列出了各结构分部的工程量及单位建筑工程（以体积计或面积计）的造价，是一种计价定额。概算指标的设定和初步设计的深度相适应，一般是在概算定额和预算定额的基础上编制的，是设计单位编制设计概算或建设单位编制年度投资计划的依据，也可作为编制估算指标的基础。

5）投资估算指标。它是计算投资需要量时使用的一种定额，是合理确定项目投资的基础。它非常概略，往往以独立的单项工程或完整的工程项目为计算对象，编制内容是所有项目费用之和。投资估算指标比其他各种计价定额具有更大的综合性和概括性，其主要作用是为项目决策和投资控制提供依据。

3. 按照专业性质分类

按照专业性质，可将建设工程定额分为全国通用定额、行业通用定额和专业专用定额。

1）全国通用定额。它是指在部门间和地区间都可以使用的定额。

2）行业通用定额。它是指具有专业特点在行业部门内可以通用的定额。

3）专业专用定额。它是特殊专业的定额，只能在指定的范围内使用。

4. 按照主编单位和管理权限分类

按照主编单位和管理权限，可将建设工程定额分为全国统一定额、行业统一定额、地区统一定额、企业定额和补充定额。

1）全国统一定额。它是由国家建设行政主管部门，综合全国工程建设中技术和施工组织管理的情况编制，并在全国范围内执行的定额。

2）行业统一定额。它是由行业建设行政主管部门，考虑到各行业部门专业工程技术特点以及施工生产和管理水平所编制的，一般只在本行业和相同专业性质的范围内使用。

3）地区统一定额。它是由地区建设行政主管部门，考虑地区性特点和全国统一定额水平作适当调整和补充而编制的，仅在本地区范围内使用。

4）企业定额。它是指由施工企业考虑本企业的具体情况，参照国家、部门或地区定额进行编制，只在本企业内部使用的定额。企业定额水平应高于国家现行定额，才能满足生产技术发展、企业管理和增强市场竞争力的需要。

5）补充定额。它是指随着设计、施工技术的发展，在现行定额不能满足需要的情况下，为了补充缺陷所编制的定额。补充定额只能在指定的范围内使用，可以作为以后修订定额的基础。

3.3 钢结构工程清单计价

3.3.1 钢结构工程清单计价的特点

在工程量清单计价方法的招标方式下，由业主或招标单位根据统一的工程量清单项目设置规则和工程量清单计量规则编制工程量清单，鼓励企业自主报价，业主根据其报价，结合质量、工期等因素综合评定，选择最佳的投标企业中标。在这种模式下，标底不再成为评标的主要依据，甚至可以不编标底，从而在工程价格的形成过程中摆脱了长期以来的计划管理，而由市场的参与双方主体自主定价，符合价格形成的基本原理。

工程量清单计价真实反映了工程实际，为把定价自主权交给市场参与方提供了可能。在工程招标投标过程中，投标企业在投标报价时必须考虑工程本身的内容、范围、技术特点要求以及招标文件的有关规定、工程现场情况等因素；同时还必须充分考虑许多其他方面的因素，如投标单位自己制订的工程总进度计划、施工方案、分包计划、资源安排计划等。这些因素对投标报价有着直接而重大的影响，而且对每一项招标工程来讲都具有其特殊性的一面，所以应该允许投标单位针对这些方面灵活机动地调整报价，以使报价能够比较准确地与工程实际相吻合。而只有这样才能把投标定价自主权真正交给招标和投标单位，投标单位才会对自己的报价承担相应的风险与责任，从而建立起真正的风险制约和竞争机制，避免合同实施过程中推诿和扯皮现象的发生，为工程管理提供方便。

与在招标投标过程中采用定额计价法相比，工程量清单计价方法的特点如下：

（1）满足竞争的需要

招标投标过程本身就是一个竞争的过程，招标人给出工程量清单，投标人去投单价（此单价一般包括成本、利润），投高了中不了标，投低了又要赔本，这时就体现出了企业技术、管理水平的重要性，形成了企业整体实力的竞争。

音频 3-1：
工程量清单
计价的
特点（一）

（2）提供了一个平等的竞争条件

采用施工图预算来投标报价，由于设计图的缺陷，不同投标企业的人员理解不一，计算出的工程量也不同，报价相去甚远，容易产生纠纷。而工程量清单报价就为投标者提供一个平等竞争的条件，相同的工程量，由企业根据自身的实力来投不同的单价，符合商品交换的一般性原则。

（3）有利于工程款的拨付和工程造价的最终确定

中标后，业主要与中标施工企业签订施工合同，工程量清单报价基础上的中标价就成了合同价的基础。投标清单上的单价也就成了拨付工程款的依据。业主根据施工企业完成的工程量，可以很容易地确定进度款的拨付额。工程竣工后，再根据设计变更、工程量的增减乘以相应单价，业主也很容易确定工程的最终造价。

（4）有利于实现风险的合理分担

采用工程量清单报价方式后，投标单位只对自己所报的成本、单价等负责，而对工程量的变更或计算错误等不负责；相应地，对于这一部分风险则应由业主承担，这符合风险合理分担与责权利关系对等的一般原则。

（5）有利于业主对投资的控制

采用现在的施工图预算形式，业主对因设计变更、工程量的增减所引起的工程造价变化不敏感，往往竣工结算时才知道这些对项目投资的影响有多大，但此时常常为时已晚，而采用工程量清单计价的方式则一目了然，在要进行设计变更时，能马上知道它对工程造价的影响，这样业主就能根据投资情况来决定是否变更或进行方案比较，以决定最恰当的处理方法。

工程量清单计价的特点具体体现在以下几个方面：

（1）统一性

通过制定统一的建设工程工程量清单计价方法、统一的工程量计量规则、统一的工程量清单项目设置规则，达到规范计价行为的目的。

音频 3-2：
工程量清单
计价的
特点（二）

（2）有效性

通过由政府发布统一的社会平均消耗量指导标准，为企业提供一个社会平均尺度，避免企业盲目或随意大幅度减少或扩大消耗量，从而达到保证工程质量的目的。

（3）开放性

将工程消耗量定额中的工、料、机价格和利润、管理费全面放开，由市场的供求关系自行确定价格。

（4）自主性

投标企业根据自身的技术专长、材料采购渠道和管理水平等，制定企业自己的报价定额，自主报价。企业尚无报价定额的，可参考使用造价管理部门颁布的建设工程消耗量定额。

（5）竞争性

通过建立与国际惯例接轨的工程量清单计价模式，引入充分竞争形成价格的机制，制定衡量投标报价合理性的基础标准。在投标过程中，有效引入竞争机制，淡化标底的作用，在保证质量、工期的前提下，按《中华人民共和国招标投标法》及有关条款规定，最终以"不低于成本"的合理低价者中标。

（6）适用性

全部使用国有资金（含国家融资资金）投资或国有资金投资为主的工程建设项目应执行工程量清单计价方式确定和计算工程造价。

3.3.2 钢结构工程清单计价的计价内容及依据

1. 工程量清单编制的依据

1）《建设工程工程量清单计价规范》（GB 50500—2013）和相关工程的国家计量规范。

2）国家或省级、行业建设主管部门颁发的计价定额和办法。

3）建设工程设计文件及相关资料。

4）与建设工程有关的标准、规范、技术资料。

5）拟定的招标文件。

6）施工现场情况、地勘水文资料、工程特点及常规施工方案。

7）其他相关资料。

2. 工程量清单计价

工程量清单计价包含按招标文件规定，填报由招标人提供的工程量清单所列项目的全部费用。具体包括分部分项工程费、措施项目费、其他项目费和规费、税金等。采用综合单价计价，要求投标人熟悉工程量清单、研究招标文件、熟悉施工图、了解施工组织设计、熟悉加工订货的有关情况、明确主材和设备的来源情况，结合本企业的具体情况并考虑风险因素准确计算，最终汇总出工程造价。

（1）招标工程量清单

招标人依据国家标准、招标文件、设计文件以及施工现场实际情况编制的，随招标文件发布供投标报价的工程量清单，包括其说明和表格。招标工程量清单应由具有编制能力的招标人或委托具有相应资质的工程造价咨询机构编制。招标工程量清单必须作为招标文件的组成部分，招标人须对其准确性和完整性负责。

（2）已标价工程量清单

构成合同文件组成部分的投标文件中已标明价格，经算术性错误修正（如有）且承包人已确认的工程量清单，包括其说明和表格。

（3）综合单价

完成一个规定清单项目所需的人工费、材料和工程设备费、施工机具使用费和企业管理费、利润以及一定范围内的风险费用。

该定义仍是一种狭义上的综合单价，规费和税金费用并不包括在项目单价中。国际上所谓的综合单价，一般是指包括全部费用的综合单价，在我国目前建筑市场存在过度竞争的情况下，保障税金和规费等不可竞争的费用仍是很有必要的。随着我国社会主义市场经济体制的进一步完善，社会保障机制的进一步健全，实行全费用的综合单价也将只是时间问题。

3. 工程量清单计价模式与定额计价模式的比较

工程量清单计价模式与传统的预算定额计价模式在项目设置、定价原则、价差调整、工程量计算规则、工程风险等诸多方面均有着原则上的不同。预算定额计价是计划经济体制的模式，先计算工程量，套用定额计算出直接费，再以费率的形式计算间接费，汇总工程造价，然后确定优惠比例，得出最终造价。随着社会进步和科技发展，定额不可能面面俱到，时间上的滞后，工艺上的改进，施工技术水平的提高使得定额中的内容很难适应飞速发展的建筑工程的需要，导致招标时预期的目标难以达到。工程量清单计价则明确了统一的计算规则，根据工程设计的具体要求、质量要求、招标文件的要求将各种经济技术指标、质量和进度及企业管理水平等因素综合考虑，细化到工程综合单价中，使工程报价能够与工程实际相吻合，科学反映工程的实际成本，使之与工程建设市场相适应。

3.3.3　钢结构工程清单计价的基本原理

工程量清单计价的基本原理就是以招标人提供的工程量清单为平台，投标人根据自身的技术、财务、管理能力进行投标报价，招标人根据具体的评标细则进行优选，这种计价方式是市场定价体系的具体表现形式。

工程量清单计价的基本过程可以描述为在统一的工程量计算规则基础上，制定工程清单项目设置规则，根据具体工程的施工图计算出各个清单项目的工程量，再根据从各种渠道所获得的工程造价信息和经验数据计算得到工程造价。这一基本的计算过程如图 3-2 所示。

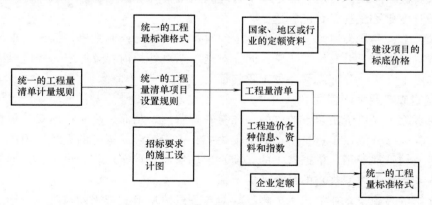

图 3-2　工程量清单计价过程示意图

从图 3-2 中可以看出，其编制过程可以分为两个阶段：工程量清单格式的编制和利用工程量清单来编制投标报价。投标报价是在业主提供的工程量清单计算结果的基础上，企业根据自身所掌握的各种信息、资料，结合企业定额编制出来的。

3.3.4 影响工程成本的计价因素

工程量清单报价中标的工程，无论采用何种计价方法，在正常情况下，基本说明工程造价已确定，只是当出现设计变更或工程量变动时，通过签证再结算调整另行计算。工程量清单工程成本要素的管理重点，是在既定收入的前提下，如何控制成本支出。

1. 对用工批量的有效管理

人工费支出约占建筑产品成本的 17%，且随市场价格波动而不断变化。对人工单价在整个施工期间作出切合实际的预测，是控制人工费用支出的前提条件。

2. 材料费用的管理

材料费用开支约占建筑产品成本的 63%，是成本要素控制的重点。材料费用因工程量清单报价形式不同、材料供应方式不同而有所不同。业主限价的材料价格可从施工企业采购过程降低材料单价这一角度来把握。

3. 机械费用的管理

机械费用开支约占建筑产品成本的 7%，其控制指标主要是根据工程量清单计算出使用的机械控制台班数。在施工过程中，每天做好详细台班记录，是否存在维修、待班的台班现场签证记录，月末将实际使用台班同控制台班的绝对数进行对比，分析量差发生的原因。对机械费用价格一般采取租赁协议，合同一般在结算期内不变动，所以控制实际用量是关键。依据现场情况做到设备合理布局，充分利用，特别是要合理安排大型设备进出场时间，以降低费用。

4. 施工中水电费的管理

在以往的工程施工中，水电费的管理一直被忽视。水作为人类赖以生存的宝贵资源，越来越短缺，因此施工过程中必须加强水电费的管理。为便于施工过程支出的管理控制，应把控制用量计算到施工子项，以便于水电费用控制。月末依据完成子项所需水电量同实际用量对比，找出差距，分析原因，以便制定改正措施。总之，施工过程中对水电用量控制不仅仅是一个经济效益的问题，更重要的是一个合理利用宝贵资源的问题。

5. 对设计变更和工程签证的管理

施工过程中，经常会遇到一些原设计未预料的实际情况或业主单位提出要求改变某些施工做法、材料代用等，引发设计变更；同样对施工图以外的内容及停水、停电或因材料供应不及时造成停工、窝工等都需要办理工程签证。

6. 对其他成本要素的管理

成本要素除工料单价法包含的以外，还有管理费用、利润、临时设施费、税金、保险费等。这部分收入已分散在工程量清单的子项之中，中标后已成既定的数额。因此，在施工过程中应注意节约管理费用，依据施工的工期及现场情况合理布局临时设施，依据施工进度及时拨付工程款，确保国家规定的税金及时上缴。

以上介绍的是施工企业的成本要素，针对工程量清单形式带来的风险性，施工企业要从加强过程控制的管理入手，才能将风险降低到最低点。积累各种结构形式下成本要素的资料，逐步形成科学、合理的，具有代表人力、财力、技术力量的企业定额体系。通过企业定额，使报价不再盲目，避免一味过低或过高报价所形成的亏损、废标，以面对复杂激烈的市场竞争带来的挑战。

3.3.5　工程量清单计价存在的主要问题

采用工程量清单计价的方法是国际上普遍使用的通行做法，已经有近百年的历史，具有广泛的适应性，也是比较科学合理、实用的。实际上，国际通行的工程合同文本、工程管理模式等与工程量清单计价也都是相配套的。我国加入 WTO 后，必然伴随着引入国际通行的计价模式。虽然我国已经开始推行招标投标阶段的工程量清单计价方法，但由于处于起步阶段，应用较少。从目前来看，在工程量清单计价过程中存在着如下几方面问题。

1. 企业缺乏自主报价的能力

工程量清单计价方法实施的关键在于企业的自主报价。但是，由于大多数施工企业未能形成自己的企业定额，在制定综合单价时，多是按照地区定额内各相应子目的工料消耗量，乘以自己在支付人工、购买材料、使用机械和消耗能源方面的市场单价，再加上由地区定额制定的按工程类别的综合管理费费率和优惠折扣系数，一个单项报价就生成了。这也相当于把一个工程

音频 3-3：
工程量清单
招标存在的
问题

按清单内的细目划分变成一个个独立的分部分项工程项目去套用定额，其实质仍旧沿用了定额计价模式。这个问题并不是工程量清单计价法的固有缺点，而是由于应用的不完善造成的。因此，企业定额体系的建立是推行工程量清单计价的重要工作。运用自己的企业定额资料制定工程量清单中的报价，材料损耗、用工损耗、机械种类和使用办法、管理费用的构成等各项指标都是按本企业的具体情况制定的，表现企业自身施工和管理上的特点，增强企业的竞争力。

2. 缺乏与工程量清单计价相配套的工程造价管理制度

目前规范工程量清单计价的制度主要是国家标准《建设工程工程量清单计价规范》（GB 50500—2013）。主要包括全国统一工程量清单编制规则和全国统一工程量清单计量规则。但施行工程量清单计价必须配套有详细明确的工程合同管理办法。我国虽然在 2000 年初颁布并实施了《建设工程施工合同（示范文本）》，但在工程量清单计价法推广实施后没有就新的计价办法配合相应的合同管理模式，使得招标投标所确定的工程合同价在实施过程中没有相应的合同管理措施。

3. 对工程量清单计价模式本身的认识还有所欠缺

如前所述，工程量清单计价是与定额计价法相并列的一种计价模式，其核心是为了配合工程价格的管理制度改革。而在工程量清单计价法推广后，工程造价管理部门需要新的观念和新的造价管理模式，以适应这项改革工作。

除了上述建立并完善相应的合同管理体制和加深对工程量清单计价法的认识之外，为推行工程量清单计价模式，还需要加强以下几方面工作：

（1）应当加快施工招标机构及建设招标机构自身建设

可以从以下三个方面着手：一是要建立高层次、有权威的工程招标管理机构，扩大工程招标设施的规模，并且提高设施的技术装备水平，不仅要把工程施工发包纳入工程招标中心，还要把建设工程中的监理、勘察设计、设备采购等纳入进来；不仅是一般的工业与民用建筑采用招标，还要把铁路、公路、水电等专业工程纳入工程招标中心。二是实行工程招标管理专业化，建立统一的招标服务机构，专门负责工程报建、信息发布、后勤服务等工作；建立分专业的招标管理机构，协调有关建设管理单位，按照各自的职能对工程招标进行监

管。三是对工程招标的各个环节实行规范管理，包括招标信息披露、招标文件、现场踏勘、招标文件及设计图答疑、评分标准、评委组成及其入选资格等，并制定标准文本和规范性的操作要求。

（2）必须加快建设市场中介组织

由于建筑产品及其生产过程的特殊性，加上业主不可能熟悉建筑市场的体制、运行规则和工程本身，它和承包商也就不可能是地位平等的市场主体，因此工程中介代理机构在建筑市场中的作用至关重要。中介代理机构的业务范围、资质条件、从业资格如何确定、如何规范设立，是一个亟待解决的问题。应当充分发挥中介机构自身的专业优势，大力拓展招标咨询业务，提高人员素质，积累工作经验，适应工程量清单计价这一新的计价模式。

（3）加强法律、制度建设和宣传教育工作

对业主、承包商、中介组织、管理部门来讲，工程量清单计价方法毕竟是一个新事物，需要有一个学习和适应的过程。通过学习借鉴、调查研究和试点城市、试点工程，提高认识，掌握知识，摸索经验。同时，要采取措施普及这方面的知识，使得工程造价管理的从业人员对工程量清单计价方法有全面、系统的认识，为普及这一市场定价模式奠定基础。

3.4　工程量清单计价与定额计价的联系与区别

3.4.1　工程量清单计价与定额计价的联系

1）定额计价在我国已使用多年，具有一定的科学性和实用性，清单计价规范的编制以定额为基础，参照和借鉴了定额的项目划分、计量单位、工程量计算规则等。

2）定额计价可作为清单计价的组价方式。在确定清单综合单价时，以省颁定额或企业定额为依据进行计算。

3.4.2　工程量清单计价与定额计价的区别

1. 单位工程造价构成不同

按定额计价时单位工程造价由直接工程费、间接费、利润和税金构成，计价时先计算直接费，再以直接费（或其中的人工费）为基数计算各项费用、利润、税金，汇总为单位工程造价。工程量清单计价时，造价由工程量清单费用（=∑清单工程量×项目综合单价）、措施项目清单费用、其他项目清单费用、规费和税金构成，进行这种划分的考虑是将施工过程中的实体性消耗和措施性消耗分开，对于措施性消耗费用只列出项目名称，由投标人根据招标文件要求和施工现场情况、施工方案自行确定，以体现出以施工方案为基础的造价竞争；对于实体性消耗费用，则列出具体的工程数量，投标人要报出每个清单项目的综合单价。

2. 分项工程单价构成不同

按定额计价时分项工程的单价是工料单价，即只包括人工、材料、机械费，工程量清单计价分项工程单价一般为综合单价，除了人工、材料、机械费，还要包括管理费（现场管理费和企业管理费）、利润和必要的风险费。采用综合单价便于工程款支付、工程造价的调整和工程结算，也避免了因为"取费"产生的一些无谓纠纷。综合单价中的直接费、费用、利润由投标人根据本企业实际支出及利润预期、投标策略确定，是施工企业实际成本费用的反映，是工程的个别价格。综合单价的报出是个别计价、市场竞争的过程。

3. 单位工程项目划分不同

按定额计价的工程项目划分即预算定额中的项目划分，一般土建定额有几千个项目，其划分原则按照工程的不同部位、不同材料、不同工艺、不同施工机械、不同施工方法和材料规格型号进行，划分得十分详细。工程量清单计价的工程项目划分有较大的综合性，新规范中土建工程只有 177 个项目，其考虑工程部位、材料、工艺特征，但不考虑具体的施工方法或措施，如人工或机械的不同型号等，同时对于同一项目不再按阶段或过程分为几项，而是综合到一起，如混凝土，可以将同一项目的搅拌（制作）、运输、安装、接头灌缝等综合为一项，门窗也可以将制作、运输、安装、刷油及五金等综合到一起，这样能够减少原来定额对于施工企业工艺方法选择的限制，报价时有更多的自主性。工程量清单中的工程量应该是综合的工程量，而不是按定额计算的"预算工程量"。综合的工程量有利于企业自主选择施工方法并以之为基础竞价，也能使企业摆脱对定额的依赖，建立起企业内部报价及管理的定额和价格体系。

4. 计价依据不同

这是清单计价和按定额计价的最根本区别。按定额计价的唯一依据就是定额，而工程量清单计价的主要依据是企业定额，包括企业生产要素消耗量标准、材料价格、施工机械配备及管理状况、各项管理费支出标准等。目前可能多数企业没有企业定额，但随着工程量清单计价形式的推广和报价实践的增加，企业将逐步建立起自身的定额和相应的项目单价，当企业都能根据自身状况和市场供求关系报出综合单价时，企业自主报价、市场竞争（通过招标投标）定价的计价格局也将形成，这也正是工程量清单所要促成的目标。工程量清单计价的本质是要改变政府定价模式，建立起市场形成造价机制，只有计价依据个别化，这一目标才能实现。

第 **4** 章 钢结构工程识图

4.1 建筑制图标准及相关规定

识读和绘制房屋的建筑施工图，应依据正投影原理，并遵守《房屋建筑制图统一标准》（GB/T 50001—2017）的规定；在识读和绘制总平面图时还应遵守《总图制图标准》（GB/T 50103—2010）的规定；在识读和绘制建筑平面图、建筑立面图、建筑剖面图和建筑详图时还应遵守《建筑制图标准》（GB/T 50104—2010）的规定。

1. 图纸的幅面

为了做到工程图基本统一，清晰简明，提高制图效率，满足设计、施工和存档的要求，关于图纸幅面大小的尺寸，国家制定了全国统一的标准《房屋建筑制图统一标准》（GB/T 50001—2017）。该标准规定，图纸幅面的基本尺寸为 5 种，其代号分别为 A0、A1、A2、A3 和 A4。各类尺寸大小见表 4-1。

表 4-1 图纸幅画

基本幅面代号	A0	A1	A2	A3	A4
$b \times l$	841×1189	594×841	420×594	297×420	297×210
c		10		5	
a			25		

2. 图线

在建筑施工图中，为了表明不同的内容并使层次分明，须采用不同线型和线宽的图线来绘制，见表 4-2。总的原则是剖切面的截交线和房屋立面图中的外轮廓线用粗实线，次要的轮廓线用中粗线，其他线一律用细线。此外，可见部分用实线，不可见部分用虚线。

表 4-2 建筑施工图中相关图线的线型、线宽及用途

线型名称	线宽	用途
粗实线	b	1. 平面图、剖面图中被剖切的主要建筑构造（包括构配件）的轮廓线 2. 建筑立面图或室内立面图的外轮廓线 3. 建筑构造详图中被剖切的主要部分的轮廓线 4. 建筑构配件详图中的外轮廓线 5. 平面图、立面图、剖面图的剖切符号
中粗实线	$0.7b$	1. 平面图、剖面图中被剖切的次要建筑构造（包括构配件）的轮廓线 2. 建筑平面图、立面图、剖面图中建筑构配件的轮廓线 3. 建筑构造详图及建筑构配件详图中的一般轮廓线

（续）

线型名称	线宽	用　　途
中实线	0.5b	小于 0.7b 的图形线、尺寸线、尺寸界线、索引符号、标高符号、详图材料做法引出线、粉刷线、保温层线、地面、墙面的高差分界线等
细实线	0.25b	图例填充线、家具线、纹样线等
中粗虚线	0.7b	1. 建筑构造详图及建筑构配件详图中不可见的轮廓线 2. 平面图中的起重机轮廓线 3. 拟建、扩建的建筑物轮廓线
中虚线	0.5b	投影线、小于 0.5b 的不可见轮廓线
细虚线	0.25b	图例填充线、家具线等
粗单点长画线	b	起重机轨道线
细单点长画线	0.25b	中心线、对称线、定位轴线
细折断线	0.25b	部分省略表示时的断开界线
细波浪线	0.25b	部分省略表示时的断开界线、曲线形构件的断开界线、构造层次的断开界线

注：地平线线宽可采用 1.4b。

3. 比例

在建筑施工图中选用的各种比例，宜符合表 4-3 中的规定。

表 4-3　建筑施工图的比例

图　　名	比　　例
总平面图	1：300、1：500、1：1000、1：2000
建筑物或构筑物的平面图、立面图、剖面图	1：50、1：100、1：150、1：200、1：300
建筑物或构筑物的局部放大图	1：10、1：20、1：25、1：30、1：50
配件及构造详图	1：1、1：2、1：5、1：10、1：15、1：20、1：25、1：30、1：50

4. 定位轴线

建筑施工图中通常将确定房屋的基础、墙、柱和屋架等主要承重构件的轴线画出，并进行编号，以便施工时定位放线和查阅图样，这些轴线称为定位轴线。

定位轴线采用细单点长画线表示。定位轴线应编号，编号应注写在轴线端部的圆内。定位轴线圆应用细实线绘制，直径为 8~10mm，其圆心应在定位轴线的延长线或延长线的折线上。平面图上定位轴线的编号，一般宜标注在图样的下方或左侧。横向编号应用阿拉伯数字，按从左至右的顺序编写；竖向编号应用大写拉丁字母，按从下至上的顺序编写。拉丁字母作为轴线号时，应全部采用大写字母，不应用同一个字母的大小写来区分轴线号。拉丁字母的 I、O、Z 不得用于轴线编号，如图 4-1 所示。

对于非承重墙及次要的承重构件，有时用附加定位轴线表示其位置。其编号可用分数表示。分母表示前一轴线的编号，分子表示附加轴线的编号，用阿拉伯数字顺序编写。如图 4-2 所示，1 号轴线或 A 号轴线之前的附加轴线的分母应以 01 或 0A 表示。

在画详图时，如一个详图适用于几个轴线，应同时将各有关轴线的编号注明，如图 4-3 所示。

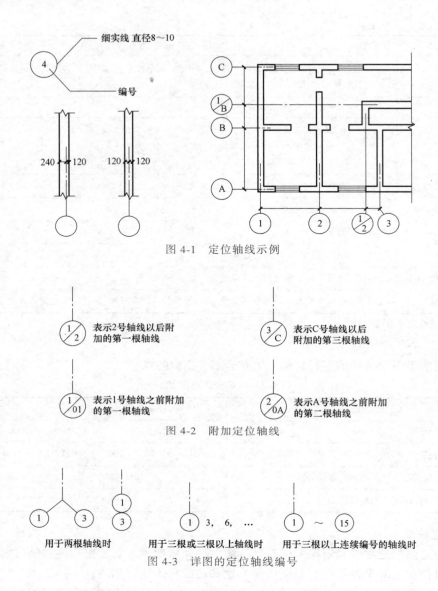

图 4-1 定位轴线示例

图 4-2 附加定位轴线

图 4-3 详图的定位轴线编号

4.2 钢结构识图基本知识

从事钢结构工程造价工作，首先要看懂钢结构工程施工图。钢结构工程图表达有其特定的内容，如钢结构工程选用材料的标注、螺栓的表达、焊缝的表示和尺寸标注等。这些内容反映在图样上，有别于大家比较熟悉的砌体结构和混凝土结构的施工图，所以必须掌握钢结构工程制图基本知识。此外，进行钢结构工程计价前，特别是进行清单计价前，熟悉钢结构工程构造也是非常有必要的。

1. 常用型钢图例及标注方法

常用型钢标注方法见表 4-4。

表 4-4　常用型钢标注方法

序号	名称	截面	标注	说明
1	等边角钢		$b×t$	b 为肢宽；t 为壁厚
2	不等边角钢	B	$B×b×t$	B 为长肢宽；b 为短肢宽；t 为壁厚
3	工字钢		N Q N	轻型工字钢加注 Q 字；N 为工字钢的型号
4	槽钢		N Q N	轻型槽钢加注 Q 字；N 为槽钢的型号
5	方钢	b	b	
6	扁钢	b	$b×t$	
7	钢板		$\dfrac{-b×t}{l}$	$\dfrac{宽×厚}{板长}$
8	圆钢		ϕd	
9	钢管		$DN××$ $D×t$	内径 外径×壁厚
10	薄壁方钢管		B $b×t$	
11	薄壁等肢角钢		B $b×t$	
12	薄壁等肢卷边角钢	a	B $b×a×t$	薄壁型钢加注 B 字 t 为壁厚
13	薄壁槽钢	h	B $h×b×t$	

（续）

序号	名称	截面	标注	说明
14	薄壁卷边槽钢	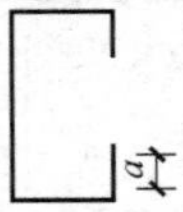	B 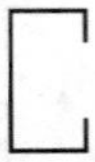	$h×b×a×t$	薄壁型钢加注 B 字 t 为壁厚
15	薄壁卷边 Z 形钢	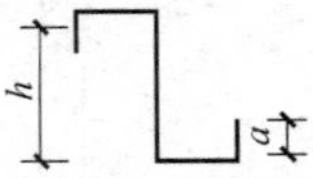	B 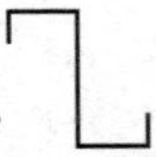	$h×b×a×t$	
16	T 形钢	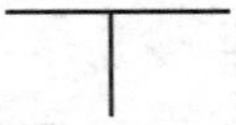	TW×× TM×× TN××	TW 宽翼缘 T 形钢 TM 中翼缘 T 形钢 TN 窄翼缘 T 形钢
17	H 型钢	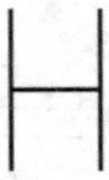	HW×× HM×× HN××	HW 宽翼缘 H 型钢 HM 中翼缘 H 型钢 HN 窄翼缘 H 型钢
18	起重机钢轨	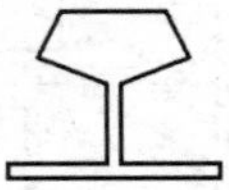	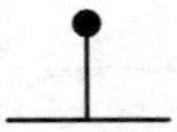 QU××	详细说明产品规格型号
19	轻轨及钢轨	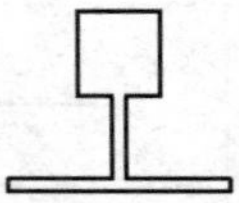	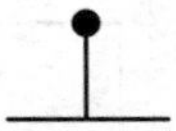 ××kg/m	

2. 螺栓、孔、电焊铆钉的表示方法

螺栓、孔、电焊铆钉的表示方法见表4-5。

表 4-5　螺栓、孔、电焊铆钉的表示方法

序号	名称	图例	说　明
1	永久螺栓	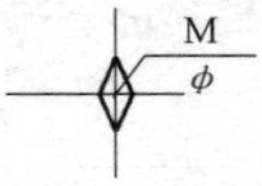 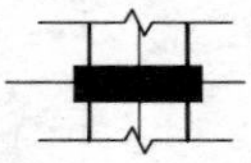	
2	高强螺栓	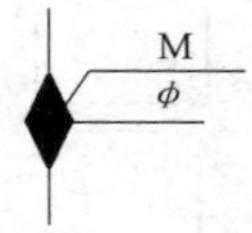 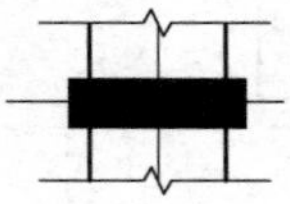	1. 细"+"线表示定位线 2. M 表示螺栓型号 3. ϕ 表示螺栓孔直径 4. d 表示膨胀螺栓、电焊铆钉直径 5. 采用引出线标注螺栓时,横线上表示螺栓规格,横线下标注螺栓孔直径
3	安全螺栓	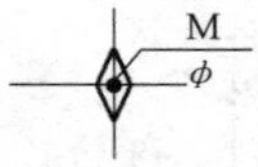 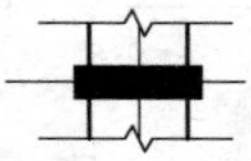	
4	胀锚螺栓	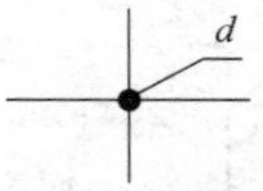 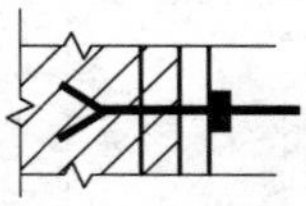	

（续）

序号	名称	图例	说　明
5	圆形螺栓孔	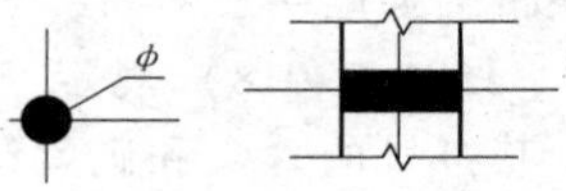	1. 细"+"线表示定位线 2. M 表示螺栓型号 3. φ 表示螺栓孔直径 4. d 表示膨胀螺栓、电焊铆钉直径 5. 采用引出线标注螺栓时，横线上表示螺栓规格，横线下标注螺栓孔直径
6	长圆形螺栓孔	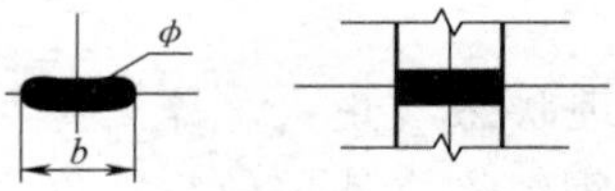	
7	电焊铆钉	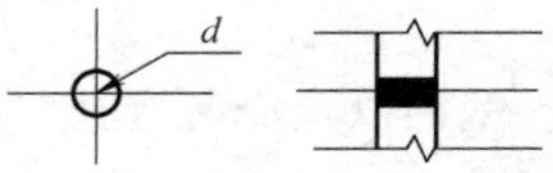	

4.3　钢材的种类、规格及选择

4.3.1　钢材的种类及规格

1. 钢材的种类

钢结构用的钢材主要有两类，即碳素结构钢和低合金高强度结构钢。后者因含有锰、钒等金属元素而具有较高的强度。此外，处在腐蚀介质中的结构，则采用高耐候性结构钢，这种钢因含铜、磷、铬、镍等合金元素而具有较强的抗锈能力。

（1）碳素结构钢

我国于 2015 年发布了国家标准《优质碳素结构钢》（GB/T 699—2015），于 2016 年 11 月 1 日实施。新标准按质量等级，将碳素结构钢分为 A、B、C、D 四级。在保证钢材力学性能符合标准规定的情况下，各牌号 A 级钢的碳、锰、硅含量可以不作为交货条件，但其含量应在质量说明书中注明。B、C、D 级钢均应保证屈服强度、抗拉强度、拉长率、冷弯及冲击韧性等力学性能。

碳素结构钢的牌号由代表屈服强度的汉语拼音字母（Q）、屈服强度数值、质量等级符号（A、B、C、D）、脱氧方法符号（F、Z、TZ）四个部分按顺序组成，如 Q235AF、Q235B 等。

钢号的表示方法和代表的意义如下：

1）Q235A：屈服强度为 235N/mm^2，A 级，镇静钢。
2）Q235AF：屈服强度为 235N/mm^2，A 级，沸腾钢。
3）Q235B：屈服强度为 235N/mm^2，B 级，镇静钢。
4）Q235C：屈服强度为 235N/mm^2，C 级，镇静钢。

从 Q195 到 Q275，是按强度由低到高排列的。Q195、Q215 的强度比较低，而 Q255 及 Q275 的含碳量都超出了低碳钢的范围。因此，建筑结构中主要采用 Q235 钢。

（2）低合金高强度结构钢

低合金高强度结构钢是在钢的冶炼过程中添加少量的几种合金元素（含碳量均不大于 0.02%，合金元素总量不大于 0.05%），使钢的强度明显提高，故称为低合金高强度结构钢。国家标准《低合金高强度结构钢》（GB/T 1591—2018）规定，低合金高强度结构钢分为 Q295、Q345、Q390、Q420 和 Q460 五种，其符号的含义和碳素结构钢钢号的含义相同。其中，Q345、Q390、Q420 是《钢结构设计标准》（GB 50017—2017）中规定采用的钢种。

（3）优质碳素结构钢

优质碳素结构钢不以热处理或热处理状态（正火、淬火、回火）交货，用作压力加工用钢和切削加工用钢。由于价格较高，钢结构中使用较少，仅用经热处理的优质碳素结构钢、冷拔高强度钢丝或制作高强度螺栓、自攻螺钉等。

2. 钢材的规格

钢结构采用的型材有热轧成型的钢板、型钢以及冷弯（或冷压）成型的薄壁型钢。

（1）热轧钢板

热轧钢板有厚钢板（厚度为 4.5~60mm）和薄钢板（厚度为 0.35~4mm），还有扁钢（厚度为 4~60mm，宽度为 30~200mm，此钢板宽度小）。钢板的表示方法为在符号"–"后加"宽度×厚度×长度"，如−1200×8×6000，单位为 mm。

（2）热轧型钢

热轧型钢有角钢、工字钢、槽钢和钢管等，截面形式如图 4-4 所示。角钢分等边和不等边两种，主要用来制作桁架等格构式结构的杆件和支撑等连接杆件。不等边角钢的表示方法为在符号"L"后加"长边宽×短边宽×厚度"，如L 100×80×8；等边角钢则以"边宽×厚度"表示，如L 100×8，单位均为 mm。角钢的长度一般为 3~19m，规格有L 20×3~L 200×24 和L 25×16×3~L 200×125×18。

图 4-4　热轧型钢截面形式

其中，工字钢有普通工字钢、轻型工字钢和 H 型钢。普通工字钢和轻型工字钢用号数表示，号数即为其截面高度的厘米数。20 号以上的工字钢，同一号数有三种腹板，厚度分别为 a、b、c 三类，如 I30a、I30b、I30c。其中 a 类腹板较薄，用作受弯构件较为经济。轻型工字钢的腹板和翼缘均较普通工字钢薄，因而在相同质量下其截面模量和回转半径较大。H 型钢是世界各国使用较为广泛的一种热轧型钢，与普通工字钢相比，其翼缘内外两侧平行，便于与其他构件相连。它可分为宽翼缘 H 型钢（HW）和中翼缘 H 型钢（HM）。各种 H 型钢均可剖分为 T 形钢供应，代号分别为 TW、TM 和 TN。H 型钢和剖分 T 形钢的规格标记均采用"高度 H ×宽度 B ×腹板厚度 t_1 ×翼缘厚度 t_2"表示。例如，HM340×250×9×14，其剖分 T 形钢为 TM170×250×9×14，单位均为 mm。宽翼缘 H 型钢和中翼缘 H 型钢可用于钢柱等受压构件；窄翼缘 H 型钢则适用于钢梁等受弯构件。

槽钢分为普通槽钢和轻型槽钢两种，适用于檩条等双向受弯的构件，也可用其组合成格构式构件。普通槽钢的型号与工字钢相似，如[36a 是指截面高度为 36cm，腹板厚度为 a 类的槽钢。号码相同的轻型槽钢，其翼缘和腹板较普通槽钢宽而薄，回转半径较大，质量较轻。

钢管有热轧无缝钢管或由钢板卷焊成的焊接钢管两种。钢管截面对称，外形圆滑，受力性能良好，由于回转半径较大，常用作桁架、网架、网壳等平面和空间格构式结构的杆件，在钢管混凝土柱中也有广泛的应用。规格用符号"ϕ"后加"外径×壁厚"表示，如$\phi 400 \times 16$，单位为 mm。

薄壁型钢是用薄钢板经模压或弯曲成形，其壁厚一般为 1.5~5.0mm，截面形式和尺寸可按工程要求合理设计，通常有等边角钢、卷边角钢、槽钢、卷边槽钢、Z 形钢、卷边 Z 形钢、方管、圆管及各种形状的压型钢板等，如图 4-5 所示。压型钢板是近年来开始使用的薄壁型材，是由热轧薄钢板经冷压或冷轧成型的，所用钢板厚度为 0.4~2.0mm，主要用作轻型屋面及墙面等构件。

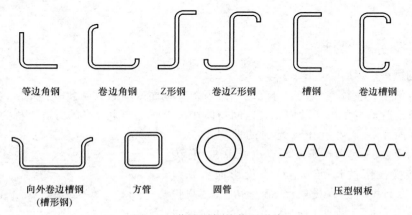

等边角钢　　卷边角钢　　Z形钢　　卷边Z形钢　　槽钢　　卷边槽钢

向外卷边槽钢　　　方管　　　　圆管　　　　　压型钢板
（槽形钢）

图 4-5　薄壁型钢的截面形式

4.3.2　钢材的选择

1. 钢材选择的原则

钢材选择的原则是既能够使结构安全可靠地满足使用要求，又要尽最大可能节约钢材、降低造价。对于不同的使用条件，应当有不同的质量要求。钢材的力学性质中，屈服点、抗拉强度、伸长率、冷弯性能、冲击韧性等各项指标可以从不同方面来衡量钢材质量。

2. 钢材选择时应考虑的因素

（1）结构的类型和重要性

结构构件按其用途、部位和破坏后果的严重性，可分为重要的、一般的和次要的三类，相应的安全等级则为一级、二级和三级。大跨度屋架、重级工作制吊车梁等按一级考虑，采用质量好的钢材；一般的屋架、梁和柱按二级考虑；梯子、平台和栏杆按三级考虑，可选择质量较低的钢材。

（2）荷载的性质

按结构所承受荷载的性质，荷载可分为静力荷载和动力荷载两种。承受动力荷载的结构或构件中，又有经常满载（重级工作制）和不经常满载（中级、轻级工作制）的区别。因此，荷载性质不同，应选用不同的钢材，并提出不同的质量保证要求。

（3）连接的方法

钢结构的连接方法有焊接和非焊接（紧固件）连接之分。焊接结构时会产生焊接应力、焊接变形和焊接缺陷，导致构件产生裂纹和裂缝，甚至发生脆性断裂。因此，在焊接钢结构时对钢材的化学成分、力学性能和可焊性都有较高的要求，如钢材的碳、硫、磷的含量要低，塑性、韧性要好等。

（4）工作条件

结构所处的工作环境和工作条件，如室内外的温度变化、腐蚀作用等，对钢材有很大的影响，故应对其塑性、韧性和抗腐蚀性提出相应的要求。

4.4 投影的基本知识

4.4.1 投影及其特性

1. 投影的概念

在日常生活中，物体在日光或灯光的照射下，在地面或墙面上就会留有影子，对这种自然现象加以抽象，就形成了投影的概念。空间物体在投影面上产生投影的方法，称为投影法。

如图4-6所示，三角板在点光源的照射下会在地面上产生影子，这就是投影现象。点光源 S，称为投射中心；接受投影的地面 H，称为投影面；光线 SA、SB、SC 称为投射线。投射线 SA、SB、SC 与投影面 H 的交点 a、b、c 称为空间点 A、B、C 在投影面 H 上的投影。那么，空间 $\triangle ABC$ 在 H 面上的投影即为 $\triangle abc$。由此可知，产生投影必须具备以下三个要素：物体（几何元素）；投影面；投射线。

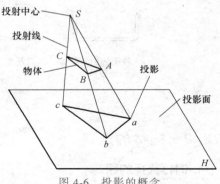

图4-6 投影的概念

2. 投影法的分类

投影法可分为中心投影法和平行投影法两大类。

（1）中心投影法

如图4-6所示，投射中心 S 在有限距离内发出辐射状的投射线，即所有投射线在有限远处相交于一点，这种作出物体投影的方法，称为中心投影法。

（2）平行投影法

如图4-7所示，当投射中心 S 在无限远处时，所有投射线都是相互平行的，这种作出物体投影的方法，称为平行投影法。

1）当投射线倾斜于投影面时，所得到的投影称为斜投影，如图4-7a所示。

2）当投射线垂直于投影面时，所得到的投影称为正投影，如图4-7b所示。

3. 工程上常用的几种投影图

在工程实际中，常用的投影图有以下几种：

（1）正投影图

用正投影法把物体向两个或两个以上互相垂直的投影面进行投射，再按照一定的规律将

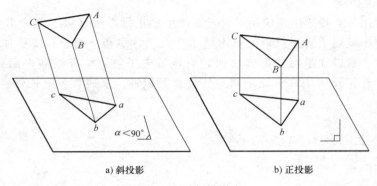

a) 斜投影　　　　　　　　　　　　b) 正投影

图 4-7　平行投影法

其展开到一个平面上，所得到的投影图称为正投影图。它是工程上最主要的图样之一。这种图的优点是能准确地反映物体的形状和大小，作图方便，度量性好；缺点是立体感差，不易看懂，如图 4-8a 所示。

（2）轴测投影图

轴测投影图是用平行投影法将物体投射到一个投影面上而得到的投影图。这种图在一个投影面上能同时反映出物体三个坐标面的形状，并接近于人的视觉习惯，富有立体感。但是轴测图一般不能反映出物体各表面的实形，因而度量性差，同时作图较复杂。因此，在工程上常把轴测图作为辅助图样。如图 4-8b 所示。

（3）透视投影图

透视投影图是用中心投影法将物体投射到一个投影面上而得到的投影图。这种图形象逼真，符合人的视觉习惯，和照片一样；但它度量性差，作图复杂。在建筑设计中常用作工程图的辅助图样，来表现建筑物建成后的外貌。如图 4-8c 所示。

（4）阴影图

阴影图是用平行投影法得到的单面投影图。这种图不仅可以表现形体的长、宽、高三维空间，还可以把形体的空间层次表现出来，丰富了视觉效果，给人以特有的空间感。在建筑设计方案图中，在立面图或平面图上加绘阴影，会使设计图表达得更完美。如图 4-8d 所示。

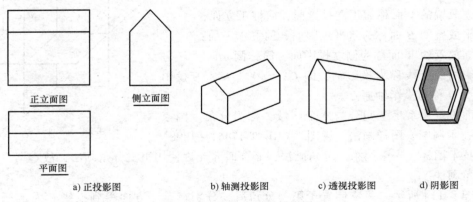

a) 正投影图　　　　　b) 轴测投影图　　　　c) 透视投影图　　　d) 阴影图

图 4-8　工程上常用的投影图

4. 正投影法的特性

工程上最常用的正投影图是应用平行投影法中的正投影法（以下简称正投影）绘制的。为了绘制正投影图就要了解正投影的基本性质。点、直线和平面是构成形体（物体）的最基本的几何元素，所以在学习投影方法时，应该首先了解点、直线和平面正投影的特性。点、直线和平面在正投影中具有以下基本特性：类似性；从属性；定比性；平行性；实形性；积聚性。

4.4.2 三面投影及其对应关系

1. 三视图的形成

（1）单面投影

如图 4-9a 所示，点的投影仍为点。设投射方向为 S，空间点 A 在投影面 H 上有唯一的投影 a。反之，若已知点 A 在 H 面的投影 a，却不能唯一确定点 A 的空间位置（如 A_1、A_2），由此可见，点的一个投影不能确定点的空间位置。

同样，仅有物体的单面投影也无法确定空间物体的真实形状，如图 4-9b 所示。结构形状不同的 A、B、C 物体在 W 面却得到了相同的投影。这样，空间形体与投影之间没有一一对应的关系。因此，必须增加投影面的数量。

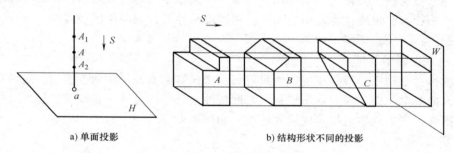

a) 单面投影　　　　　　　　　b) 结构形状不同的投影

图 4-9　单面投影

（2）三面投影

三个相互垂直的投影面 V、H 和 W 构成了三投影面体系，如图 4-10 所示。

正立放置的 V 面称为正立投影面，简称正立面；
水平放置的 H 面称为水平投影面，简称水平面；
侧立放置的 W 面称为侧立投影面，简称侧立面。

投影面的交线称为投影轴，即 OX、OY、OZ，三投影轴的交点 O 称为投影轴原点。

三面投影体系将空间分为八个区域，称为分角。国家标准《技术制图　图样画法　视图》（GB/T 17451—1998）

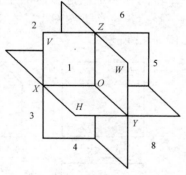

图 4-10　三面投影体系

规定，技术图样优先采用第一分角画法，必要时才允许使用第三分角画法，故本书主要介绍第一分角画法。

如图 4-11a 所示，将物体置于第一分角后，分别在三个方向得到投影。为了把物体的三面投影画在同一平面内，国家标准规定 V 面保持不动，H 面绕 OX 轴向下旋转 90°（与

V 面重合），W 面绕 OZ 轴向右旋转 90°（与 V 面重合）。这样，V-H-W 展开后就得到了物体的三面投影，如图 4-11b 所示，其中 OY 轴随 H 面旋转时以 OY_H 表示，随 W 面旋转时以 OY_W 表示。投影图大小与物体相对于投影面的距离无关，即改变物体与投影面的相对距离，并不会引起图形的变化。所以，在作图时一般不画出投影面的边界甚至投影轴，如图 4-11c 所示。

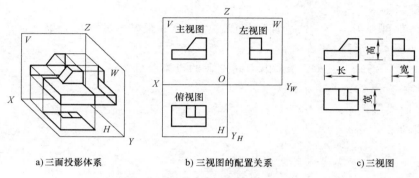

a) 三面投影体系   b) 三视图的配置关系   c) 三视图

图 4-11 三面投影体系与三视图

（3）三视图的概念

所谓视图实际上就是物体的正投影。物体在 V、H 和 W 面上的三个投影，通常称为物体的三视图。其中，正面投影即从前向后投射所得图形，称为主视图；水平投影，即从上向下投射所得的图形，称为俯视图；侧面投影，即从左向右投射所得的图形，称为左视图。图 4-11b 所示，即为三视图的配置关系。物体的空间尺寸长、宽、高反映在三视图中，如图 4-11c 所示。

（4）三视图的方位关系

主视图上反映物体左右、上下方向；俯视图上反映左右、前后方向；左视图上反映上下、前后方向，如图 4-12 所示。

2. 三视图之间的投影关系

主视图反映物体的高度和长度；俯视图反映物体的长度和宽度；左视图反映物体的高度和宽度。由此可得出三视图之间的投影关系，如图 4-13 所示。

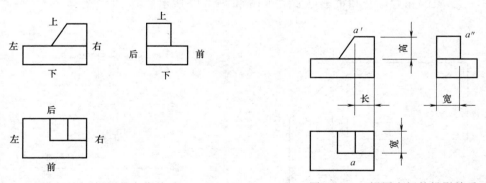

图 4-12 三视图的方位关系   图 4-13 三视图之间的投影关系

主、俯视图——共同反映物体的长度方向的尺寸，简称"长对正"；

主、左视图——共同反映物体的高度方向的尺寸，简称"高平齐"；

俯、左视图——共同反映物体的宽度方向的尺寸，简称"宽相等"。

"长对正""高平齐""宽相等"反映了物体上所有几何元素三个投影之间的对应关系。三视图之间的这种投影关系是画图时必须遵循的投影规律和读图时必须掌握的要领。

4.4.3 点、线、面的投影

1. 点的投影

任一形体都可视为由点、线、面所组成，其中点是最基本的几何元素之一。点、线、面之间的关系如图 4-14 所示。

如图 4-15 所示，H、V、W 体系内空间点 A 的投影分别为：

H——水平投影→a；

V——正面投影→a'；

W——侧面投影→a''。

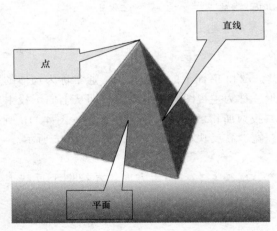

图 4-14 点、线、面之间的关系

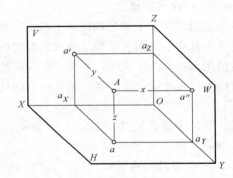

图 4-15 点在三面体系中的投影

此外，两点的相对位置和重影点如图 4-16 和图 4-17 所示。

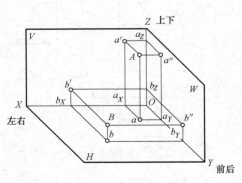

A点在B点的上方、后方、右方

图 4-16 两点的相对位置

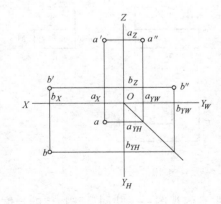

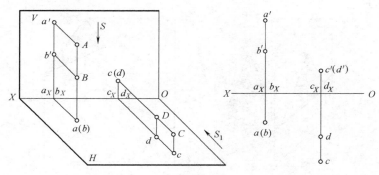

图 4-17　两点的重影点

2. 直线的投影

直线在这里通常用线段来表示。线段的投影在一般情况下为直线，特殊情况下积聚为一点。此外，线段可以由线段上任意两点确定，这样做直线的投影，实际上就是作线段上任意两点的投影，然后连接其同面投影，就可以得到直线的三面投影。

（1）投影面平行线的投影特性

1）在其平行的投影面上投影反映线段实长，且反映与其余投影面倾角的真实大小。

2）其余两面投影分别平行于相应的投影轴。水平线的投影如图 4-18 所示。

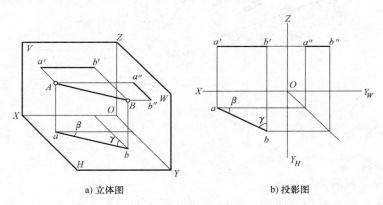

a) 立体图　　　　　　　　b) 投影图

图 4-18　水平线的投影

（2）投影面垂直线的投影特性

1）在其垂直的投影面上其投影积聚为一点。

2）其余两个投影垂直于相应的投影轴，且反映其实长。正垂线的投影如图 4-19 所示。

3. 平面的投影

平行面和垂直面的投影分别如图 4-20 和图 4-21 所示。

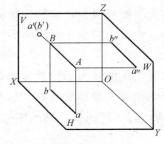

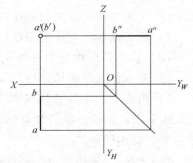

$a'b'$ 积聚为一点；
$ab \perp OX, a''b'' \perp OZ$；
$ab = a''b'' = AB$

图 4-19　正垂线的投影

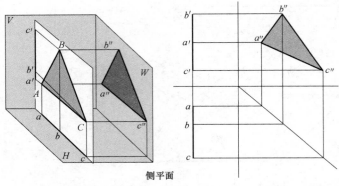

图 4-20　平行面的投影

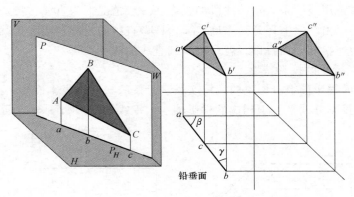

图 4-21　垂直面的投影

4.4.4　立体的投影

1. 立体的分类

（1）按立体几何表面性质

立体由各种几何表面相围而成，几何表面有平面和曲面两种。因此，按几何表面的性质，立体可分为以下两类：

1）平面立体。立体的表面均由平面围成，如棱柱、棱锥等。

2）曲面立体。立体的表面均由曲面或者由平面和曲面围成，如圆柱、圆锥、圆球等。

（2）按立体结构复杂程度

1）基本体。基本体是指具有最简单的几何形体单元的立体。

2）组合体。由各种基本体经切割或叠加组合而成，包括了更多的平面或曲面，因而具有较为复杂的结构形状。如常见的机器零件压块、轴承座的几何模型，分别由棱柱、圆柱经过切割、叠加得到。

综上所述，立体是由平面或者曲面围成，而面是由线围成，线又由点来组成，即立体是由点、线、面等几何要素形成的。因此，立体的投影就是组成立体的点、线、面等几何要素的投影。

2. 平面立体的投影

平面立体的表面是各种多边形平面，其投影是各多边形的边或者顶点的投影。本节以棱柱、棱锥为例，分析平面立体的投影特性，以及在平面立体表面上求点、线投影的方法。

（1）棱柱的投影

正六棱柱由顶面、底面和六个侧棱面组成。正六棱柱的顶面、底面为水平面，前后两面为正平面，其余侧棱面为铅垂面，如图 4-22 所示。

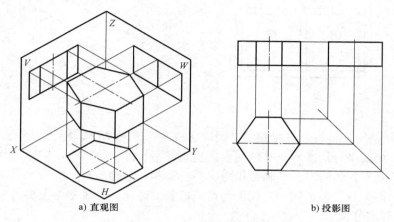

a) 直观图　　　　　　　　　　　b) 投影图

图 4-22　正六棱柱的投影

（2）棱锥的投影

棱锥由底面和棱面所围成，其各棱线交汇于锥顶。为作图方便，绘制棱锥的投影时，应尽量使其底面平行于投影面，棱面平行或垂直于投影面，如图 4-23 所示。

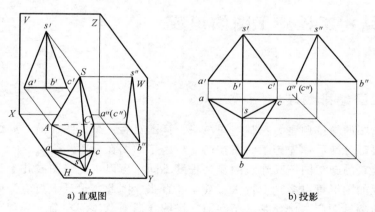

a) 直观图　　　　　　　　　　　b) 投影

图 4-23　正三棱锥的投影

4.4.5　轴测投影

1. 轴测图的形成及投影特性

将物体连同其直角坐标系，沿不平行于任一坐标平面的方向，用平行投影法将其投射到一指定的平面上所得到的投影，称为轴测投影，又称轴测图。

投影图可以比较全面地表示空间物体的形状和大小，但是这种图立体感较差，有时不容易看懂。轴测图富于立体感，但是它不能直接反映物体的真实形状和大小，所以只能作为辅助图样，如图4-24所示。

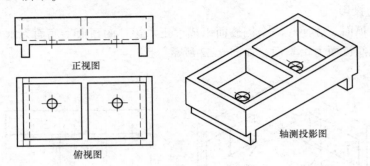

正视图

俯视图

轴测投影图

图4-24 轴测投影

由于轴测图是用平行投影法得到的，因此它具有以下几个投影特性：

1）物体上相互平行的线段，其轴测投影也相互平行。

2）与坐标轴平行的线段，其轴测投影必平行于相应的轴测轴。

3）物体上两平行线段或同一直线上的两线段长度之比，在轴测图上保持不变。

2. 轴测投影的分类

从投射方向与投影面的相互位置来看，轴测投影分为以下两类：

1）正轴测投影，投射方向垂直于轴测投影面。

2）斜轴测投影，投射方向倾斜于轴测投影面。

4.5 钢结构工程施工图的识读

4.5.1 施工图编排顺序

各专业施工图的编排顺序为：基本图在前、详图在后；总体图在前、局部图在后；主要部分在前、次要部分在后；先施工的图在前、后施工的图在后等。

一套房屋建筑的施工图按其建筑的复杂程度不同，可以由几张图或几十张图组成。大型复杂的建筑工程的图纸可以多到上百张，甚至几百张。因此，设计人员应按照图纸内容的主次关系，系统地编排顺序。例如基本图在前，详图在后；总体图在前，局部图在后；主要部分在前，次要部分在后；布置图在前，构件图在后等。

对钢结构建筑来讲，一般一套建筑施工图纸的排列程序是：图纸目录、设计总说明、建筑总平面图、建筑施工图、钢结构施工图、电气工程施工图、给水排水施工图、采暖通风施工图等。有的地方还有煤气管道、弱电工程的施工图，但大部分地区由专业公司设计和施工。

图纸目录主要是便于学图者查阅图纸，通常放在全套图纸的最前面。图纸目录上图号的编排程序应与图纸一致。一般单张的图纸在图标内的图号用建施×/××或结施×/××的方法来表示，其分子代表该类图的第几张，分母代表该类图总共有几张。相应的目录表中也应有该编号的图纸号，这样才能前后相一致。

4.5.2　钢结构施工图识读内容及步骤

看图步骤是先看设计总说明，以了解建筑概况、技术要求等，然后进行看图。一般按目录的排列逐张往下看。

1. 建筑总平面图

通过建筑总平面图，了解建筑物的地理位置、高程、坐标、朝向以及与建筑物有关的情况。

音频 4-1:
钢结构施工
图的看图
方法与步骤

2. 建筑平面图

（1）建筑平面图的识读内容

1）建筑物的平面形状，内部各房间包括走廊、楼梯、出入口的布置及朝向。

2）建筑物及其各部分的平面尺寸。

3）地面及各层楼面标高。

4）各种门、窗位置，代号和编号，以及门的开启方向。

5）其他各工种（工艺、水、暖、电）对土建的要求：各工程要求的坑、台水池、地沟、电闸箱、消火栓、雨水管等及其在墙或楼板上的预留洞。

6）室内装修做法：包括室内地面、墙面及天棚等处的材料及做法。一般简单的装修，在平面图内有些用文字说明；较复杂的工程则另列房间明细表和材料做法表，或另画建筑装修图。

7）文字说明：平面图中不易表明的内容，如施工要求砖及灰浆的强度等级等需用文字说明。

以上所列内容，可根据具体项目的实际情况取舍。

（2）建筑平面图的识读步骤

1）底层平面图的识读步骤。

① 了解图名、比例。

② 了解定位轴线及编号、内外墙的位置和平面布置。

③ 了解门窗的位置、编号及数量。

④ 了解该房屋的平面尺寸和各地面的标高。

⑤ 了解剖面图的剖切位置、投影方向等。

2）标准层平面图的识读步骤。

① 了解图名、比例。

② 了解定位轴线、内外墙的位置和平面布置。

③ 与底层平面图相比，其他层平面图要简单一些。已在底层平面图中表示清楚的构配件，就不在其他图中重复绘制了。

3. 建筑立面图

（1）建筑立面图的识读内容

1）室外地坪线及房屋的勒脚、台阶、花池、门窗、雨篷、阳台、檐口、女儿墙、墙外分格线、雨水管以及屋顶上可见的排烟口、水箱间等。

2）尺寸标注。立面图上一般只需标注房屋外墙各主要结构的相对标高和必要的尺寸，如室外地坪、台阶、窗台、门窗洞口顶端、阳台、雨篷、檐口、女儿墙顶、屋顶等的标高。

3）标注房屋总高度与各关键部位的高度，一般用相对标高表示。

4）外墙面装修。节点详图索引及必要的文字说明。

（2）建筑立面图的识读步骤

1）了解图名、比例。

2）了解房屋的体型和外貌特征。

3）了解门窗的形式、位置及数量。

4）了解房屋各部分的高度尺寸及标高。

5）了解房屋外墙面的装饰等。

4. 建筑剖面图

（1）建筑剖面图的识读内容

1）被剖到的墙或柱的定位轴线及轴线编号。

2）剖切到的屋面、墙体、楼面、梁等轮廓及材料做法。

3）建筑物内部的分层情况及层高、水平方向的分隔。

4）投影可见部分的形状、位置等。

5）屋顶的形式及排水坡度。

6）详图索引符号、标高及必须标注的局部尺寸。

7）必要的文字说明。

（2）建筑剖面图的识读步骤

1）了解图名、比例。

2）了解剖面图位置、投影方向。

3）了解房屋的结构形式。

4）了解其他未剖切到的可见部分。

5）了解地面、楼面、屋面的构造。

6）了解楼梯的形式和构造。

7）了解各部分尺寸和标高。

4.5.3 钢结构工程施工图实例

1. 工程概况

本工程为某集中供热锅炉房，结构形式为单层轻型门式刚架，门式刚架结构跨度为46.890m，刚架最高柱顶标高8.000m。本工程抗震设防分类为乙类，场地类别为二类，建筑抗震设防烈度为8度，设计基本加速度值为0.20g，设计地震分组为第二组。

2. 建筑施工图

该供热锅炉房建筑施工图的平面图、立面图和剖面图如图4-25～图4-29所示。

3. 钢结构施工图

本节重点介绍该供热锅炉房钢结构工程施工图设计的一般规定和基本组成。

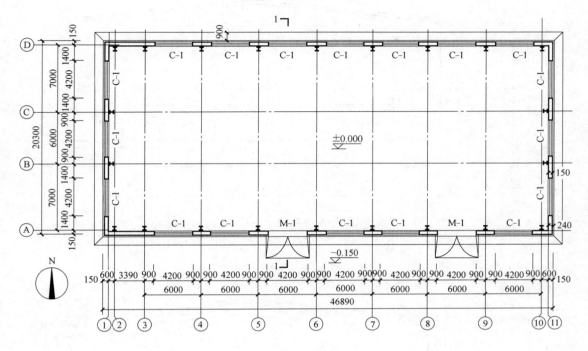

图 4-25 平面图

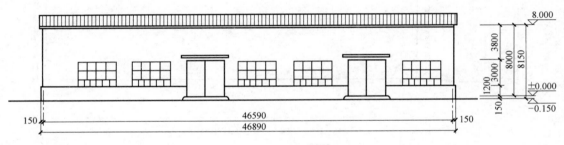

图 4-26 正立面图

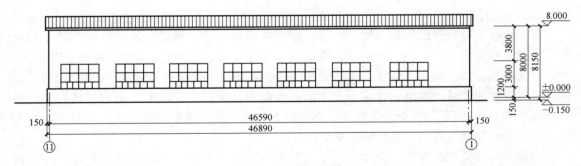

图 4-27 背立面图

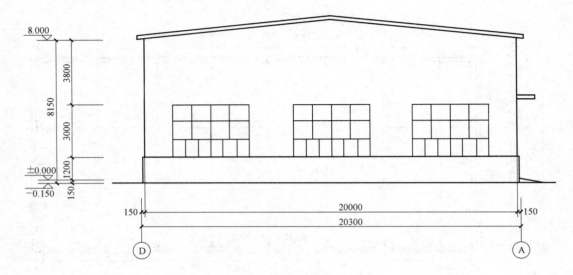

图 4-28　侧立面图

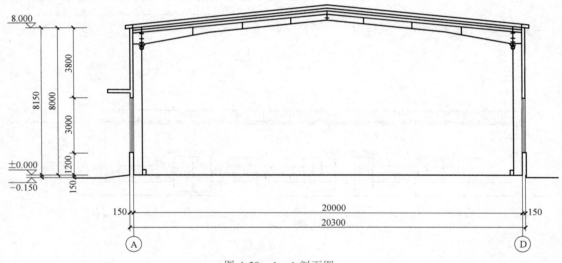

图 4-29　1—1 剖面图

（1）结构设计总说明

结构设计总说明是结构施工图的前言，一般包括结构设计概况、设计依据和遵循的规范，主要荷载取值（风、雪、恒、活荷载以及设防烈度等），材料（钢材、焊条、螺栓等）的牌号或级别，加工制作、运输、安装的方法、注意事项、操作和质量要求，防火与防腐，图例，以及其他不易用图形表达或为简化图面而改用文字说明的内容（如未注明的焊缝尺寸、螺栓规格、孔径等）。除总说明外，必要时在相关图样上还需提供有关设计材质焊接要求、制造和安装的方式、注意事项等文字内容。

结构设计总说明要简要、准确、明了，要用专业技术术语和规定的技术标准，避免漏说、含糊及措辞不当；否则，会影响钢构件的加工、制作与安装质量，从而影响预决算编制、招标投标和投资控制的进行以及施工进度计划的安排。

（2）基础平面图

基础图是表示建筑物室内地面以下基础部分的平面布置和详细构造的图样。它是施工时放线、开挖基坑和施工基础的依据。基础图通常包括基础平面图和基础详图。

1）基础平面图。基础平面图是表示基础在基槽未回填时基础平面布置的图样，主要用于基础的平面定位、名称、编号以及各基础详图索引号等，制图比例可取 1∶100 或 1∶200。

在基础平面图中，只要画出基础墙、构造柱、承重柱的断面以及基础地面的轮廓线，基础墙和柱的外形线是剖切的轮廓线，应画成粗实线。基础的细部投影可省略不画，具体在基础详图中表示。条形基础和独立基础的外形线是可见轮廓线，则画成中实线。基础平面图中必须表明基础的大小尺寸和定位尺寸。基础代号注写在基础剖切线的一侧，以便在相应的基础断面图中查到基础底面的宽度。基础的定位尺寸也就是基础墙、柱的轴线尺寸（应注意它们的定位轴线及其编号必须与建筑平面图相一致）。

2）基础详图。基础平面图只表示了基础的平面布置，基础各部分的形状、大小、材料、构造以及基础的埋置深度并没有表达出来，这就需要画出各部分的基础详图。也就是说，凡在基础平面布置图中或文字说明中都无法交待或交待不清的基础结构构造，都要用详细的局部大样图来表示，即用基础详图来表示。

4.6　钢结构施工详图的识读

4.6.1　施工详图编制内容

1. 图样目录
图样目录主要说明图样中所包含的内容。

2. 钢结构设计总说明
应根据设计图总说明编制，内容一般应有设计依据、设计荷载、工程概况和对材料、焊接、焊接质量等级、高强度螺栓摩擦面抗滑移系数、预拉力、构件加工、预装、除锈与涂装等的施工要求及注意事项等。

3. 布置图
主要供现场安装用。依据钢结构设计图，以同一类构件系统（如屋盖、刚架、吊车梁、平台等）为绘制对象，绘制本系统构件的平面布置和剖面布置，并对所有的构件编号；布置图尺寸应标明各构件的定位尺寸、轴线关系、标高以及构件表、设计说明等。

4. 构件详图
按设计图及布置图中的构件编制，主要供构件加工厂加工并组装构件用，也是构件出厂运输的构件单元图，绘制时应按主要表示面绘制每一个构件的图形零配件及组装关系，并对每一构件中的零件编号，编制各构件的材料表和本图构件的加工说明等。绘制桁架式构件时，应放大图样确定构件端部尺寸和节点板尺寸。

5. 安装节点图
详图中一般不再绘制节点详图，仅当构件详图无法清楚表示构件相互连接处的构造关系时，可绘制相关的节点图。

4.6.2　钢结构施工图识读要点

1）施工图是根据投影原理绘制的，用图样表明房屋建筑的设计及构造做法。要看懂施工图，首先应掌握投影原理并熟悉房屋建筑的基本构造。

2）施工图采用了一些图例符号以及必要的文字说明，共同把设计内容表现在图样上。因此要看懂施工图，还必须记住常用的图例符号。

3）读图应从粗到细，从大到小。先大概看一遍，了解工程的概貌。再细看，细看按照基础→钢结构→建筑→结构设施（包括各类详图）施工顺序逐项进行。

4）一套施工图是由各工种的许多张图样组成的，各图样之间又是互相配合、紧密联系的。因此，要有联系地、综合地看图。

5）结合实际看图。根据实践、认识，再实践、再认识的规律。看图时联系实践，就能比较快地掌握图样的内容。

4.6.3　钢结构施工详图的识读

1）识读钢结构施工图的基本知识如下：

① 掌握投影原理和形体的各种表达方法。

② 熟悉和掌握建筑结构制图标准及相关规定。

③ 基本掌握钢结构的特点、构造组成，了解机械制造相关知识。

2）阅读钢结构施工详图方法：从上往下看、从左往右看、由外往里看、由大到小看、由粗到细看，图样与说明对照看，布置详图结合看。

4.7　单层门式钢结构厂房的识读

4.7.1　钢结构设计图的基本内容

钢结构设计图的基本内容如下：

1）图样目录。

2）设计说明。

3）建筑图（平面图、立面图、剖面图）。

4）结构图。

① 地脚螺栓布置图。

② 结构布置图（屋盖平面布置图、柱子平面布置图、吊车梁平面布置图等）。

③ 门式刚架图。

④ 节点详图。

⑤ 构件图。

4.7.2　门式钢结构厂房构造

钢结构因其自身特点，在桥梁、工业厂房、高层建筑等现代建筑中得到广泛应用。钢结构厂房可分为轻钢结构厂房和重钢结构厂房；根据框架不同还可以分为门式钢结构厂房、单跨架钢结构厂房、双跨架钢结构厂房和卧式钢结构厂房等几种类型。其中，门式钢结构厂房是最为常用的一种类型。

门式钢结构指以 H 型钢门式刚架为主要承重骨架，以冷弯薄壁型钢为檩条、墙梁，以压型钢板为屋面、墙面，如图 4-30 所示。

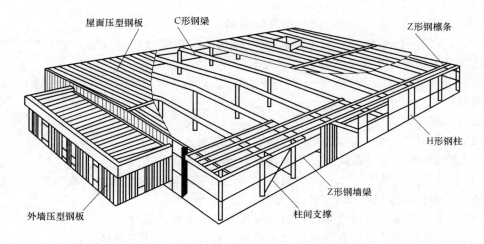

图 4-30　门式钢结构

门式钢结构厂房（图 4-31）的特点如下：

1）用轻型屋面，不仅可减少梁柱截面尺寸，基础尺寸也相应减少。

2）在多跨建筑中可做成一个屋脊的大双坡屋面，从而为长坡面排水创造了条件。

设中间柱可减少横梁的跨度，从而降低造价。中间柱采用钢管制作的上下铰接摇摆柱，占空间小。

3）檩条的隔撑可以保证侧向刚度，省去纵向刚性构件，并减少翼缘宽度。

图 4-31　门式钢结构厂房

4）刚架可采用变截面，截面与弯矩成正比；变截面时根据需要可改变腹板的高度和厚度以及翼缘的宽度，做到材尽其用。

5）刚架的腹板可按有效宽度设计，即允许部分腹板失稳，并可利用其屈曲后强度。故腹板高厚比可比《钢结构设计规范》（GB 50017—2017）规定为大，可减少腹板厚度。

6）竖向荷载通常是设计的控制荷载，但当风荷载较大或房屋较高时，风荷载的作用不应忽视。在轻屋面门式刚架中，地震作用一般不起控制作用。

7）支撑可做得较轻便。将其直接或用水平节点板连接在腹板上，可采用张紧的圆钢。

8）结构构件可全部在工厂制作，工业化程度高。构件单元可根据运输条件划分，单元之间在现场用螺栓相连，安装方便快速，土建施工量少。

4.7.3 单层厂房施工图的识读

1. 刚架平面布置图的图示内容

门式刚架轻型房屋钢结构的温度区段长度（伸缩缝间距），应符合下列规定：

1）纵向温度区段不大于 300m。

2）横向温度区段不大于 150m。

3）当有计算依据时，温度区段长度可适当加大。

4）当需要设置伸缩缝时，可采用以下两种做法：在搭接檩条的螺栓连接处采用长圆孔，并使该处屋面板在构造上允许胀缩或设置双柱。

图 4-32 所示为结构平面布置图，共有 9 榀刚架，名称均为 GJ-1，1 轴和 11 轴山墙上分别有两根抗风柱。

2. CJ-1 的图示内容

1）门式刚架的跨度是指横向刚架柱轴线间的距离。

2）门式刚架的高度是指地坪至柱轴线与斜梁轴线交点的高度。

3）柱轴线取通过柱下端中心的竖向轴线。工业建筑边柱的定位轴线取柱外皮，斜梁的轴线取通过变截面梁段最小端中心与斜梁上表面平行的轴线。

4）门式刚架房屋檐口高度为地坪到房屋外侧檩条上缘的高度。

5）门式刚架房屋的最大高度取地坪至屋盖顶部檩条上翼缘的高度。

6）门式刚架房屋的宽度取房屋侧墙墙梁外皮之间的距离。

如图 4-33 所示为 GJ-1 详图。

1）图 4-33 为 GJ-1 详图，门式刚架是由变截面实腹钢柱和变截面实腹钢梁组成的。

2）跨度为 20m，檐口高度为 7.8m。

3）房屋的坡度为 1∶10。

4）此刚架由两根柱子和两根梁组成，为对称结构，梁与柱之间的连接为钢板拼接，柱子下段与基础为铰接。

5）钢柱的截面为（300~488）mm×180mm×8mm×10mm，梁的截面为（301~464）mm×180mm×8mm×10mm。

6）5—5 为边柱柱底脚剖面，柱底板为−340mm×248mm×20mm，长度 340mm，宽度 248mm，厚度 20mm。M24 是指地脚螺栓，直径为 24mm，$d = 29$ 是指开孔的直径为 29mm。−80mm×80mm×20mm 是指垫板的尺寸，−120mm×250mm×8mm 是指加劲肋的尺寸。

7）1—1 为梁柱连接剖面，连接板的尺寸为 670m×200mm×20mm，厚度为 20mm，共 10 个 M20 螺栓，孔径为 22mm，加筋肋的厚度为 10mm。

8）4—4 为屋脊处梁与梁的连接板，板的厚度为 20mm，共有 8 个螺栓。

9）2—2 和 3—3 为屋面梁连接处的剖面，有 8 个 M20 螺栓，孔径为 22mm，连接板的尺寸为− 485mm×180mm×20mm。

3. 支撑布置图的图示内容

图 4-34 和图 4-35 为系杆布置图，厂房总长 46.59m，仅在端部柱间布置支撑。

读图如下：

1）XG 是系杆的简称，共布置两道通长的系杆，边柱顶部两道。其次在有水平支撑和柱间支撑的地方布置。

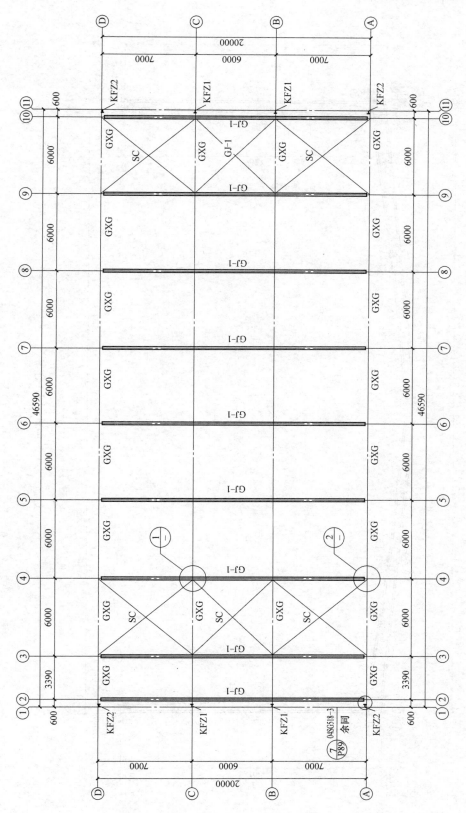

图 4-32　结构平面布置图

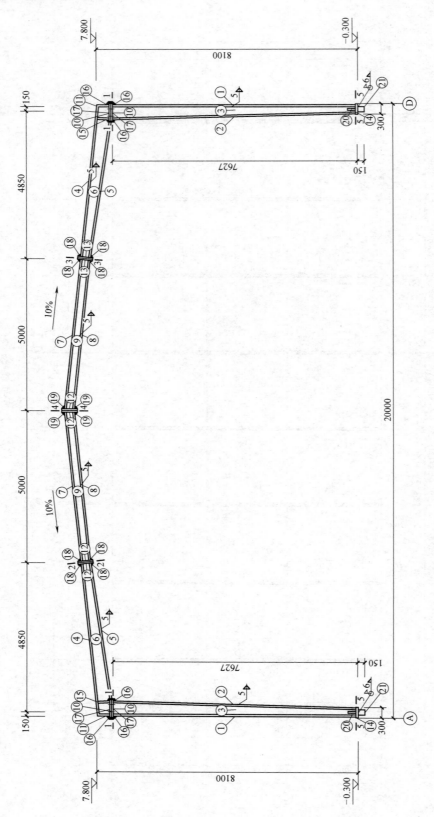

图 4-33 GJ-1 详图

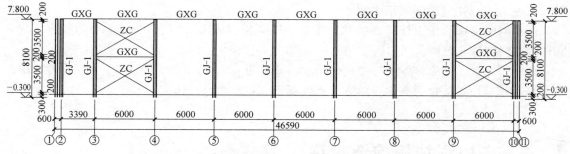

图 4-34 Ⓐ轴和Ⓓ轴系杆与柱间支撑立面布置图

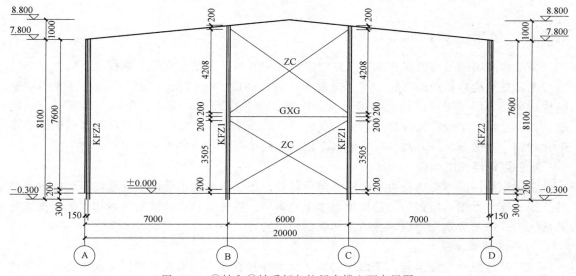

图 4-35 ①轴和⑪轴系杆与柱间支撑立面布置图

2）SC 是斜拉撑的简称，即水平支撑，在布置柱间支撑的位置沿柱顶水平布设，SC 的尺寸为 φ24 圆钢，材质为 Q235B。圆钢支撑应采用特制的连接件与梁柱腹板连接，经校正定位后张紧固定。圆钢支撑与刚架构件的连接，可直接在刚架构件腹板上靠外侧设孔连接。

当圆钢直径大于 25mm 或腹板厚度不大于 5mm 时，应对支撑孔周围进行加强。圆钢支撑与刚架的连接宜采用带槽的专用楔形垫块，或在孔两侧焊接弧形支撑板。圆钢端部应设螺纹，并宜采用花篮螺栓张紧。

3）YC 是隔撑的简称，在屋面梁上每间隔 3m 布置一道，隔撑的尺寸为L50×5。隔撑宜采用单角钢制作，隔撑可连接在刚架构件下（内）翼缘附近的腹板上距翼缘不大于 100mm处，也可连接在下（内）翼缘上。隔撑与刚架、檩条或墙梁应采用螺栓连接，每端通常采用单个螺栓。隔撑与刚架构件腹板的夹角不宜小于 45°。

4. 屋面檩条布置图的图示内容

位于屋盖坡面顶部的屋脊檩条，可采用槽钢、角钢或圆钢相连。檩条与刚架斜梁上翼缘的连接处应设置檩托；当支承处 Z 形檩条叠置搭接时，可不设檩托。檩条与檩托采用螺栓连接，檩条每端应设两个螺栓。檩条与刚架连接处可采用简支连接或连续搭接。当采用连续搭接时，檩条的搭接长度及其连接螺栓的直径，应按连续檩条支座处承受的弯矩确定。屋面板之间的连接及面板与檩条的连接，宜采用带橡胶垫圈的自攻螺钉。

5. 柱间支撑布置图的图示内容

在有屋面支撑的相应柱间布置柱间支撑。图 4-34 和图 4-35 所示为Ⓐ轴、Ⓓ轴和①轴、⑪轴轴柱间支撑布置图，图示内容如下：

1）XG（系杆）的标高为 3.900 和 7.800，规格为 φ152×4.0 的无缝钢管，材质为 Q235B。

2）ZC 是柱间支撑的简称，规格为 φ25 圆钢，材质为 Q235B。

4.8 多层钢结构构造识读

4.8.1 多层钢结构简介

多层和高层钢结构之间并没有严格的界线。一般根据房屋建筑的荷载特点及受力变形性能，尤其是对地震作用的反应，将不超过十二层或高度不超过 40m 的钢结构划分为多层钢结构房屋。可用于工业建筑，如厂房、仓库等；商业建筑，如商场、会展中心等；公共建筑，如办公楼、学校、医院等。值得一提的是，近年来一、二层钢结构别墅和多层钢结构住宅在我国一些城市的开发和建造，使得多层钢结构体系进一步扩大了其应用领域。

1. 多层钢结构的类型

多层钢结构除承受由重力引起的竖向荷载外，更主要的是承受由风或地震引起的水平荷载，因此通常根据多层钢结构的抗侧力体系的不同，将其划分为纯框架体系和框架—支撑体系两大类。下面分别介绍这两种结构体系的组成特点。

（1）纯框架体系

纯框架体系一般是由同一平面内的水平横梁和竖直柱以刚性或半刚性节点连接在一起的连续矩形网格组成。按框架在结构中所处的位置不同，框架可分为双向框架、单向框架和外围框架等。

在框架结构中，柱的位置、排列和柱距，即柱网布置，在整个结构设计中往往起着决定作用。框架结构中确定柱网的尺寸时，主要考虑使用要求、建筑平面形状、楼盖形式和经济性等因素。

当柱网确定后，梁格即可自然地按柱网分格来布置，框架主梁应按框架方向布置于框架柱间，与柱刚接或半刚接。一般还需在主梁间按楼板或受载要求设置次梁，其间距可为 3～4m。当为双向框架时，主梁也相应地沿双向布置，若需同时双向设置次梁，则可将一个方向的次梁断开。

纯框架体系的特点是平面布置灵活，可形成较大空间，且结构各部分刚度比较均匀，构造简单，易于施工。

（2）框架—支撑体系

当纯框架体系在风或地震作用等水平作用下的侧移不符合要求时，或结构梁柱截面过大，结构失去了经济合理性，可考虑在框架中沿竖向设置支撑，形成带支撑的框架体系，称为框架—支撑体系。支撑杆件与框架梁、柱铰接形成抗剪桁架结构，在整个体系中起着类似剪力墙的作用，可承担大部分水平侧力。

支撑桁架应沿房屋的两个方向布置，以抵抗两个方向的侧向力。由于支撑占据空间的影响，在设置内部支撑时，应尽量将其与永久性墙体相结合。支撑在平面上一般布置在核心区周围；在矩形平面建筑中则布置在结构的短边框架平面内。

从竖向布置来看，支撑一般沿同一竖向柱距内连续布置，对抗震建筑能较好地满足关于层间刚度变化均匀的要求。当受到建筑立面布置条件的限制时，在非抗震设计中，也可在各层间交错布置支撑，此时要求每层楼盖应有足够的刚度。

根据支撑杆件在框架梁、柱间布置的形式不同，分为中心支撑和偏心支撑两种，具体介绍如下：

1）中心支撑。中心支撑是指在支撑桁架节点上，支撑及梁柱杆件的中心线都汇交于一点。其主要形式有十字交叉斜杆、单斜杆、人字形斜杆、V 形斜杆、K 形斜杆等。其中，十字交叉斜杆和单斜杆支撑，当柱压缩变形时会引起次应力，而人字形斜杆支撑基本无次应力产生。

2）偏心支撑。中心支撑刚度较大，但支撑受压会屈曲，支撑屈曲将导致原结构的承载力降低，能量耗能性能减弱。纯框架虽然具有优良的耗能性能，但是它的刚度又较小。为了同时满足抗震对结构刚度、强度和耗能的要求，提出了一种兼有中心支撑框架强度、刚度大和纯框架耗能性能好的结构——偏心支撑框架。

2. 多层钢结构工业厂房设计原则

多层钢结构工业厂房设计主要遵循以下几个原则：

1）建筑与结构的整体化设计。多层钢结构工业厂房的设计与传统的钢结构建筑物设计不同，后者遵循先建筑后结构的原则，而前者则采用特殊的材料并结合先进的设计软件，以实现建筑与结构两方面的同步完成，即建筑结构一体化设计，其优胜之处是可以将建筑风格更完整地展现出来。比如，能体现建筑立面风格的围护系统可适当参与主体结构的空间性能计算，并与主体结构进行统一设计。

2）优化截面设计。在确定截面时优先选择翼缘或腹板厚度较小的截面，因为在用钢量相同的条件下，厚度越小则截面的形状尺寸越大，其整体刚度也越大。此时，需注意满足相关规范中关于翼缘或腹板最小宽厚比、最小截面的要求。

采用螺栓连接时需要注意螺栓最大直径的选择。

3）为了备料方便，设计中选用的型钢品种、规格最好控制在五种以内，当两种规格的尺寸接近时，尽量代用统一规格。

4）建筑平面宜简单规则，建筑的开间、进深宜统一。因为简单规则的建筑平面更有利于结构的抗风与抗震。

4.8.2　多层钢结构厂房构造

多层钢结构厂房框架结构一般由柱、梁、楼盖结构、支撑结构、墙板或墙架组成。多层厂房采用平面刚性楼盖，以保证空间整体刚度及空间协调工作。

多层钢结构厂房的优势是生产在不同设计标高的楼层上进行，各层之间不但有水平的联系，也有垂直方位的联系。因而，在设计多层钢结构厂房时，不但要考虑到同一层楼房各工段间需要有合理的联络，还必须处理好楼房之间的竖直联络，分配好竖直方位的交通。

1. 外墙围护构造

（1）轻质混凝土板材悬挂墙

目前，装配式轻质混凝土墙板可分为两大体系：一类为基本单一材料制成的墙板，如高性能的 NALC 板，即配筋加气混凝土板，该板具有良好的承载、保温、防水、耐火、易加工等综合性能；另一类为复合夹芯墙板，该板内外侧为强度较高的板材，中间设置聚苯乙烯或矿棉等芯材。外围护墙构造如图 4-36 所示。

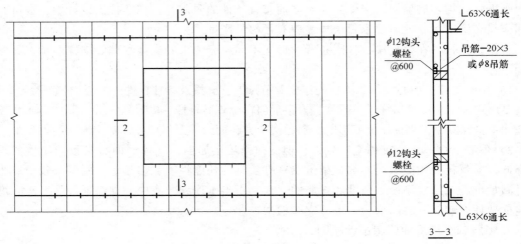

图 4-36　外围护墙构造

（2）玻璃幕墙

玻璃幕墙是当代的一种新型墙体，以其构造方式不同分为有框和无框两类。主要由玻璃和固定它的骨架系统两部分组成，所用材料概括起来有幕墙玻璃、骨架材料和填缝材料三种。

玻璃幕墙的饰面玻璃主要有热反射玻璃、吸热玻璃、双层中空玻璃及夹层玻璃、夹丝玻璃、钢化玻璃等品种。骨架主要由构成骨架的各种型材如角钢、方钢管、槽钢以及紧固件组成。填缝材料用于幕墙玻璃装配及块与块之间的缝隙处理。如图 4-37 所示为挂架式玻璃幕墙示意图。

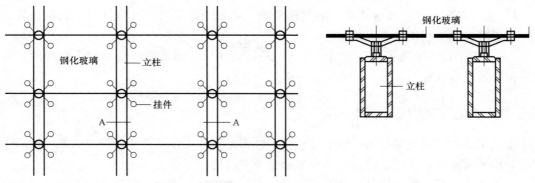

图 4-37　挂架式玻璃幕墙示意图

（3）金属幕墙

金属幕墙按结构体系不同划分为型钢骨架体系、铝合金型材骨架体系及无骨架金属板幕墙体系等；按材料体系不同分为铝合金板、不锈钢板、搪瓷或涂层钢、铜等薄板体系。如图 4-38 所示为铝合金蜂窝板节点构造。

2. 屋顶构造

屋顶的形式与建筑的使用
功能、屋顶材料、结构类型以
及建筑造型要求等有关。由于
这些因素不同，便形成了平屋
顶、坡屋顶以及曲面屋顶、折
板屋顶等多种形式。

平屋顶通常是指屋面坡度
小于 5% 的屋顶，常用坡度为
2% ~ 3%。其主要优点是节约
材料，构造简单，可扩大建筑

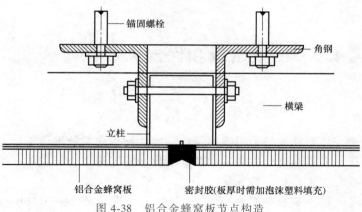

图 4-38 铝合金蜂窝板节点构造

空间，屋顶上面可作为固定的活动场所。坡屋顶一般由斜屋面组成，屋面坡度一般大于
10%，城市建筑中为满足景观或建筑风格的要求也常用坡屋顶。曲面屋顶是由各种薄壳结
构、悬索结构以及网架结构等作为屋顶承重结构的屋顶。

3. 楼梯构造

楼梯有钢筋混凝土楼梯和钢楼梯。下面着重介绍钢楼梯。

钢楼梯多采用各种型钢及板材组合而成，可在现场制作，也可在工厂将各组成部件加工
好再到现场组装。钢楼梯所用的材料主要有普通碳素钢及不锈钢、铜等金属材料。楼梯剖面
图如图 4-39 所示。

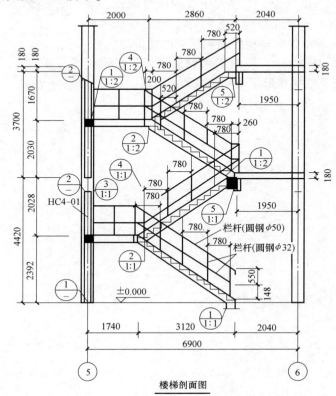

设计说明：
1. 所有构件均采用Q235钢材，
除注明外均为焊接连接
2. 焊条采用E43××，焊缝长度
不小于6cm
3. 焊缝厚度除注明外均与焊件厚度相同

楼梯剖面图

图 4-39 楼梯剖面图

4.9 压型钢板和保温夹芯板

4.9.1 压型钢板

压型钢板是采用镀锌钢板、冷轧钢板和彩色钢板等作为原料，经辊压冷弯成各种波形的压型板，具有轻质高强、美观耐用、施工简便、抗震防火的特点。它的加工和安装已做到标准化、工厂化、装配化。

压型钢板的截面呈波形，从单波到 6 波，板宽 360~900mm。大波为 2 波，波高 75~130mm，小波（4~7 波）波高 14~38mm，中波波高达 51mm。板厚 0.6~1.6mm（一般可用 0.6~1.0mm）。压型钢板的最大允许檩距，可根据支承条件、荷载及芯板厚度，由设计人选用。

压型钢板的重量为 0.07~0.14kN/m²，分长尺和短尺两种。一般采用长尺，板的纵向可不搭接。适用于平波的梯形屋架和门式刚架。

4.9.2 保温夹芯板

实际上这是一种保温和隔热与面板一次成型的双层压型钢板。由于保温和隔热芯材的存在，芯材的上下均需加设钢板。上层为小波的压型钢板，下层为小肋的平板。芯材可采用聚氨酯、聚苯或岩棉，芯材与上下面板一次成型，也有在上下两层压型钢板间在现场增设玻璃棉保温和隔热层的做法。

音频 4-2：
压型钢板、
保温夹芯板
的特点

活动房夹芯板的质量为 0.12~0.25kN/m²。一般采用长尺，板长不超过 12m，板的纵向可不搭接，也适用于平坡的梯形屋架和门式刚架。

第 **5** 章 钢屋架、钢网架

5.1 工程量计算依据

钢屋架、钢网架工程量计算依据见表 5-1。

表 5-1 钢屋架、钢网架工程量计算依据

项目名称	清单规则	定额规则
钢屋架	按设计图示尺寸以质量计算。不扣除孔眼的质量,焊条、铆钉、螺栓等不另增加质量	按设计图示尺寸乘以理论质量计算。不扣除单个面积≤0.3m² 的孔洞质量,焊缝、铆钉、螺栓等不另增加质量
钢网架	1. 按设计图示尺寸以质量计算。不扣除孔眼的质量,焊条、铆钉等不另增加质量 2. 螺栓质量要计算	钢网架计算工程量时,不扣除孔眼的质量,焊条、铆钉等不另增加质量。焊接空心球网架质量包括连接钢管杆件、连接球、支托和网架支座等零件的质量,螺栓球节点网架质量包括连接钢管杆件(含高强螺栓、销子、套筒、锥头或封板)、螺栓球、支托和网架支座等零件的质量

5.2 工程案例实战分析

5.2.1 问题导入

相关问题:

1)什么是钢屋架,钢屋架的组成,工程量如何计算?

2)钢网架的分类有哪些?有什么特点,工程量如何计算?

5.2.2 案例导入与算量解析

1. 钢屋架

(1)名词解释

1)钢屋架。

屋架是主要承受横向荷载作用的格构式受弯构件,由直杆相互连接,各杆件一般只承受轴心拉力或轴心压力,截面上应力分布均匀,材料能充分发挥作用。屋架按制作材料不同分

视频 5-1:
钢屋架

为钢筋混凝土屋架或屋面梁、钢屋架、木屋架和钢木屋架。钢屋架的形式如图 5-1 所示，钢屋架实物图如图 5-2 所示。

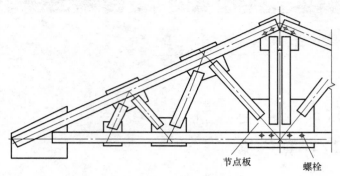

图 5-1 钢屋架形式

钢屋架通常由两部分组成：一部分是承重构件，另一部分是支撑构件。通常由屋架和柱子组成平面框架，把作用于屋盖和柱子上的荷载传到地基上。支撑构件除一部分参与传递水平荷载外，主要是用来连接承重构件，使整个结构形成一个稳定的体系。

轻钢屋架：单榀质量在 1t 以内者，且用小型角钢或用钢筋、管材作为支撑拉杆的钢屋架为轻钢屋架。

图 5-2 钢屋架实物图

视频 5-2：钢屋架制作工艺

2）钢屋架工艺。

① 加工准备及下料。按照施工图放样，放样和号料时，要预留焊接收缩量和加工余量，经检验人员复验后办理预检手续。然后，根据放样作样板（样杆）。钢材下料前必须先进行矫正，矫正后的偏差值不应超过规范规定的允许偏差值，以保证下料的质量。屋架上、下弦下料时不号孔，其余零件都应号孔；热加工的型钢先热加工，待冷却后再号孔。

② 零件加工。氧气切割前，钢材切割区域内的铁锈、污物应清理干净。切割后，断口边缘熔瘤、飞溅物应清除。机械剪切面不得有裂纹及大于 1mm 的缺棱，并应清除毛刺。上、下弦型钢需接长时，先焊接头并矫直。采用型钢接头时，为使接头型钢与杆件型钢紧贴，应按设计要求铲去楞角。对接焊缝应在焊缝的两端焊上引弧板，其材质和波口形式与焊件相同，焊后气割切除并磨平。屋架端部基座板的螺栓孔应用钢模钻孔，以保证螺栓孔位置、尺寸准确。腹杆及连接板上的螺栓孔可采用一般画线法钻孔。

③ 小装配（小拼）。屋架端部基座、天窗架支承板预先拼焊组成部件，经矫正后再拼装到屋架上。部件焊接时为防止变形，宜采用成对背靠背，用夹具夹紧再进行焊接。

④ 总装配（总拼）。将实样放在装配台上，按照施工图及工艺要求起拱并预留焊接收缩量。装配平台应具有一定的刚度，不得发生变形影响装配精度。按照实样将上弦、下弦、腹杆等定位角钢搭焊在装配台上。把上弦、下弦垫板及节点连接板放在实样上，对号入座，然后将上弦、下弦放在连接板上，使其紧靠定位角钢。半片屋架杆件全部摆好后，按照施工图

核对无误，即可定位点焊。点焊好的半片屋架翻转 180°，以这半片屋架作模胎复制装配屋架。在半片屋架模胎上放垫板、连接板及基座板。基座板及屋架天窗支座、中间竖杆应用带孔的定位板用螺栓固定，以保证构件尺寸的准确。将上弦、下弦及腹杆放在连接板及垫板上，用夹具夹紧，进行定位点焊。将模胎上已点焊好的半片屋架翻转 180°，即可将另一面上弦、下弦和腹杆放在连接板和垫板上，使型钢背对齐，并用夹具夹紧，进行定位点焊。点焊完毕，整榀屋架总装配即完成，其余屋架的装配均按上述顺序重复进行。

⑤ 屋架焊接。焊工必须持有岗位合格证。安排焊工所担任的焊接工作应与焊工的技术水平相适应。焊接前，应复查组装质量和焊缝区的处理情况，修整后方能施焊。先焊上弦、下弦连接板外侧焊缝，后焊上弦、下弦连接板内侧焊缝，再焊连接板与腹杆焊缝；最后焊腹杆、上弦、下弦之间的垫板。屋架一面全部焊完后翻转，进行另一面焊接，其焊接顺序相同。

⑥ 支撑连接板、檩条支座角钢的装配和焊接。用样杆画出支撑连接板的位置，将支撑连接板对准位置装配并定位点焊。用样杆同样画出角钢位置，并将装配处的焊缝铲平，将檩条支座角钢放在装配位置上定位点焊。全部装配完毕，即开始焊接檩条支座角钢、支撑连接板。焊完后，应清除熔渣及飞溅物。在工艺规定的焊缝及部位上，打上焊工钢印代号。

⑦ 成品检验。焊接全部完成，焊缝冷却 24h 后，全部做外观检查并做出记录。Ⅰ、Ⅱ级焊缝应进行超声波探伤。用高强螺栓连接时，须将构件摩擦面进行喷砂处理，并做六组试件，其中三组出厂时发至安装地点，供复验摩擦系数使用。按照施工图要求和施工规范规定，对成品外形几何尺寸进行检查验收，逐榀屋架做好记录。

⑧ 除锈、油漆、编号。成品经质量检验合格后进行除锈，除锈合格后进行油漆。涂料及漆膜厚度应符合设计要求或施工规范的规定。双肢型钢内侧的油漆不得漏涂。然后在构件指定的位置上标注构件编号。

音频 5-1：钢材除锈

（2）案例导入与算量解析

【例 5-1】　某工程钢屋架示意图如图 5-3 所示，试根据图样计算该钢屋架工程量。

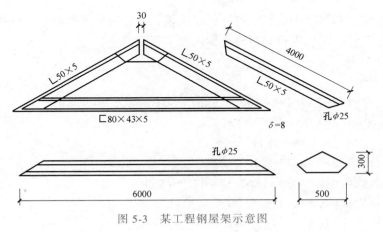

图 5-3　某工程钢屋架示意图

【解】

（1）识图内容

通过识图可知，钢屋架各部分钢材型号、长度、根数、理论质量：上弦杆，角钢L 50×5，长度 $L=4$m，2 根，理论质量为 3.77kg/m；下弦杆，槽钢匚80×43×5，长度 $L=6$m，1 根，理论质量为 8.04kg/m；连接板，500×300，厚度 $\delta=0.008$m，1 块，钢板密度为 62.8kg/m²。通过长度×根数×理论质量，可计算出钢屋架工程量。

（2）工程量计算

① 清单工程量

$$M = 4×2×3.77+6×8.04+0.5×0.3×62.8 = 87.82（kg）= 0.088（t）$$

② 定额工程量

定额工程量同清单工程量。

【小贴士】 式中：3.77 为角钢L 50×5 的理论质量；8.04 为槽钢Ⴀ 80×43×5 的理论质量；62.8 为 500×300 钢板的理论质量。

【例 5-2】 某工厂钢结构车间钢屋架如图 5-4 所示，试计算钢屋架工程量。

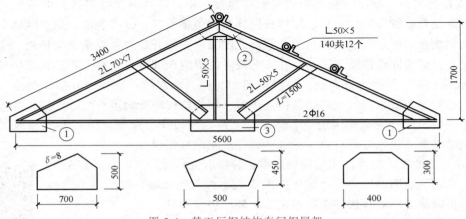

图 5-4 某工厂钢结构车间钢屋架

【解】

（1）识图内容

通过识图可知，钢屋架中立杆、斜撑、连接板、檩托的长度和根数，再乘以钢材理论质量，可知各构件质量，相加即可得出整个钢屋架工程量。

（2）工程量计算

① 清单工程量

上弦质量 = 3.40×2×2×7.398 = 100.61（kg）

下弦质量 = 5.60×2×1.58 = 17.70（kg）

立杆质量 = 1.70×3.77 = 6.41（kg）

斜撑质量 = 1.50×2×2×3.77 = 22.62（kg）

① 号连接板质量 = 0.7×0.5×2×62.80 = 43.96（kg）

② 号连接板质量 = 0.5×0.45×62.80 = 14.13（kg）

③ 号连接板质量 = 0.4×0.3×62.80 = 7.54（kg）

檩托质量 = 0.14×12×3.77 = 6.33（kg）

钢屋架质量 = 100.61 + 17.70 + 6.41 + 22.62 + 43.96 + 14.13 + 7.54 + 6.33 = 219.30（kg）= 0.219（t）

② 定额工程量

定额工程量同清单工程量。

【小贴士】　式中：7.398 为角钢L50×5 的理论质量，3.77 为角钢L 50×5 的理论质量；1.58 是 φ16 钢筋的理论质量；62.8 为 δ＝8mm 厚钢板的理论质量。

【例 5-3】　某工厂钢结构车间钢屋架如图 5-5 所示，试计算钢屋架工程量。

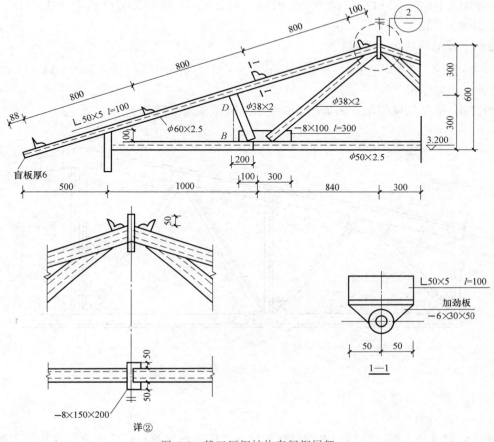

图 5-5　某工厂钢结构车间钢屋架

【解】

(1) 识图内容

通过识图可知，钢屋架中上弦杆为 2 根 φ60×2.5 钢管；下弦杆为 2 根 φ50×2.5 钢管；斜杆为 2 根 φ38×2 钢管；连接板厚 8mm；盲板厚 6mm；角钢为 8 根L 50×5；加劲板为 8 块厚 6mm 钢板，分别计算出各构件质量，相加即为钢屋架工程量。上弦杆、下弦杆、斜杆均为圆形钢管，圆形截面钢管的单位质量计算方法为 $W＝0.02466×$ 壁厚 ×（外径-壁厚），壁厚与外径单位用 mm，W 单位为 kg/m。

(2) 工程量计算

① 清单工程量

上弦杆　φ60×2.5 钢管　2 根：（0.088＋0.8×3＋0.1）×2×3.54＝18.32（kg）

下弦杆　φ50×2.5 钢管　2 根：（0.3＋1.0＋0.84）×2×2.93＝11.37（kg）

斜杆　φ38×2 钢管　2 根：$(\sqrt{0.6^2＋0.84^2}＋\sqrt{0.2^2＋0.3^2})×2×1.78＝4.96$（kg）

连接板　厚 8mm：$(0.1\times0.4\times2+0.15\times0.2)\times0.008\times7850=6.91(kg)$

盲板　厚 6mm：$0.062^2\times\pi/4\times2\times0.006\times7850=0.44(kg)$

角钢　$\llcorner 50\times5$，8 根，理论质量为 3.77kg/m：$0.1\times8\times3.77=3.02(kg)$

加劲板　厚 6mm，8 块：$0.03\times0.05\times1/2\times2\times8\times0.006\times7850=0.57(kg)$

钢屋架　$M=18.32+11.37+4.96+6.91+0.27+3.02+0.57=45.42(kg)=0.0454(t)$

② 定额工程量

定额工程量同清单工程量。

【小贴士】　式中：$\sqrt{0.6^2+0.84^2}+\sqrt{0.2^2+0.3^2}$ 为斜杆长度；$0.03\times0.05\times1/2\times2\times8\times 0.006$ 为加劲板体积。

【例 5-4】　某钢屋架示意图如图 5-6 所示，试计算其工程量。

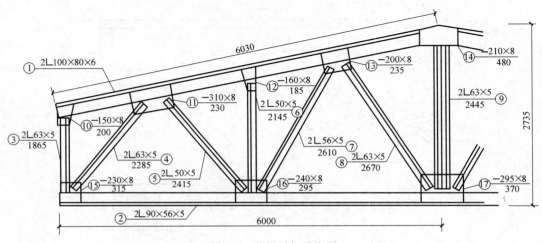

图 5-6　某钢屋架示意图

【解】

（1）识图内容

通过识图可知，钢屋架结构中钢材型号以及长度，通过钢材理论质量可计算出工程量。

（2）工程量计算

① 清单工程量

上弦 $2\llcorner 100\times80\times6$：$\llcorner 100\times80\times6$ 的理论质量为 8.35kg/m

$8.35\times6.03\times2\times2=201.4(kg)=0.2014(t)$

下弦 $2\llcorner 90\times56\times5$：$\llcorner 90\times56\times5$ 的理论质量为 5.661kg/m

$5.661\times6\times2\times2=135.9(kg)=0.1359(t)$

$2\llcorner 63\times5$：$\llcorner 63\times5$ 的理论质量为 4.822kg/m

$4.822\times1.865\times2\times2=35.97(kg)=0.036(t)$

$2\llcorner 63\times5$：$\llcorner 63\times5$ 的理论质量为 4.822kg/m

$4.822\times2.285\times2\times2=44(kg)=0.044(t)$

$2\llcorner 50\times5$：$\llcorner 50\times5$ 的理论质量为 3.77kg/m

$3.77\times2.415\times4=36.4(kg)=0.0364(t)$

$2\llcorner 50\times5$：

3. 77×2. 145×4 = 32. 3(kg) = 0. 0323(t)

2∟56×5：∟56×5 的理论质量为 4. 251kg/m

4. 251×2. 61×4 = 44. 4(kg) = 0. 0444(t)

2∟63×5：∟63×5 的理论质量为 4. 822kg/m

4. 822×2. 67×4 = 51. 5(kg) = 0. 0515(t)

2∟63×5：

4. 822×2. 445×2 = 23. 6(kg) = 0. 0236(t)

⑭、⑰板：(0. 48×0. 21+0. 37×0. 295)×0. 008×7. 85 = 0. 0132(t)

⑩、⑪、⑫、⑬、⑮、⑯板面积为

$S = 2×(0. 15×0. 2+0. 31×0. 23+0. 16×0. 185+0. 2×0. 235+0. 315×0. 23+0. 295×0. 24)$
$= 0. 6423(m^2)$

质量：0. 6423×0. 008×7. 85 = 0. 0403(t)

合计：$M = 0. 2014+0. 1359+0. 036+0. 044+0. 0364+0. 0323+0. 0444+0. 0515+0. 0236+$
0. 0132+0. 0403 = 0. 659(t)

② 定额工程量

定额工程量同清单工程量。

【小贴士】 0. 0132 为图中⑭、⑰板质量；0. 0403 为⑩、⑪、⑫、⑬、⑮、⑯板质量。

2. 钢网架

（1） 名词解释

1） 球节点钢网架。

球节点钢网架，是指由钢球、钢管和支座等构件组成的网架状钢构件。球节点钢网架制作工程量，按钢网架整个质量计算，即钢杆件、球节点和支座等质量之和，不扣除球节点开孔所占质量，不计算焊条质量。球节点钢网架如图 5-7 所示。

视频 5-3：
钢网架

图 5-7 球节点钢网架

钢网架结构的连接方式：高强螺栓连接是目前建筑钢结构最先进的连接方法之一，是高层钢结构连接的基本构造形式。它的特点是传力均匀可靠，没有铆钉传力的应力集中，接头刚性好、承载能力大、疲劳强度高、施工安装简便、易掌握、可拆换、螺母不易松动、结构安全可靠。因此，高强螺栓很快代替了铆钉，成为钢结构工程中应用最广泛、最重要的连接方法之一。

2） 钢网架结构的特点。

钢网架结构已成为当前大跨度结构中应用最广的结构形式，它之所以能获得如此迅速的发展，除了采用高强材料、可靠的节点连接技术，以及计算机技术的进步为之提供了有利条件外，还有以下几方面优点：

视频 5-4：网架
结构的特点

音频 5-2：
钢网架制作、
安装中注意事项

① 受力性能好、安全可靠。钢网架结构是三维空间受力的杆系结构，各杆件互相起支撑作用，因而其稳定性好，刚度和整体性优于一般的平面结构，可以承受较大的集中荷载、非对称荷载、悬挂起重机、地震力

等动荷载。当地基条件不好而出现支座不均匀沉降，或在施工中出现局部杆件受力变异或局部杆件超载受到破坏时，由于钢网架结构的多向传力性和内力重分布调整，一般不会导致整个网架的破坏。

② 经济合理。由于钢网架结构的空间刚度大，一般不需要另设支撑体系，故耗材少、自重轻，可以降低基础工程的造价。作用在钢网架上的荷载往往是由节点附近许多杆件共同负担的，杆件主要承受轴力，因而截面尺寸相对较小、用料经济。钢网架结构的杆件和节点可在工厂成批生产，从而降低了制作费用。与同跨度的平面钢屋架相比，当跨度小于 30m 时，一般可节省钢材 5% ~ 10%；当跨度大于 30m 时，一般可节省钢材 10% ~ 20%。

③ 平面布置灵活，适应性强。钢网架结构能满足不同跨度、不同支撑条件的公共建筑和工业厂房的要求，在建筑平面上也能满足正方形、矩形、多边形、圆形、扇形、三角形，以及由此而组成的各种平面形状的要求。钢网架结构的建筑高度小，可有效地利用建筑空间，使建筑造型更轻、美观、大方，便于建筑处理和装饰。

④ 制作、安装方便。钢网架结构杆件和节点的规格比较单一，尺寸不大，便于存储、运输、装卸和拼装。国内对采用千斤顶、手动葫芦、升板机、卷扬机小型施工机具安装大中跨度网架屋盖已经取得了较成熟的经验，把一个网架提升到设计标高往往只需要几个小时。

⑤ 设计、计算简便。钢网架可采用计算机计算和手算（近似计算）。采用计算机计算时，我国已经有许多适用于不同类型计算机多种语言的通用程序。采用手算时，对各种不同类型的钢网架都有现成的计算表格可查。

3）钢网架类型。

① 由相互交叉的竖向平面桁架组成的网架称为交叉桁架体系。竖向平面桁架的形式与平面桁架相似，腹杆布置一般应使斜腹杆受拉、竖杆受压，斜腹杆与弦杆的夹角宜在 40° ~ 60°。桁架的节间长度即为网格尺寸。当网格尺寸较大或在节间设置檩条时，可设置再分式杆件。这些平面桁架可沿两个或三个方向布置。当为两向交叉时，其交角可为 90°（正交）或任意角（斜角）；当为三向交叉时，其交角为 60°。这些相互交叉的竖向平面桁架当与边界方向平行（或垂直）时称为正放，与边界方向斜交时称为斜放。因此，随着这些桁架之间交角的变化和边界相对位置的不同，构成了不同特点的网架形式。

② 四角锥体系：这类网架以四角锥为其组成单元。网架的上、下弦平面均为正方形网格，上、下弦网格相互错开半格，使下弦平面正方形的四个顶点对于上弦平面正方形的形心，并以腹杆连接上、下弦节点，即形成了若干个四角锥体。若改变上、下弦错开的平行移动量，或相对地旋转上、下弦（一般旋转 45°）并适当抽去一些弦杆和腹杆，即可获得各种形式的四角锥网架。这类网架的腹杆一般不设竖杆，只有斜杆。仅当部分上、下弦节点在同一竖直线上时，方需设置竖腹杆。

（2）案例导入与算量解析

【例 5-5】 如图 5-8 所示为某网架结构中的一个节点，该节点属于网架米字形板节点，已知该网架中共用到这种节点 350 个，试计算该网架结构中这种节点的总制作工程量。

【解】

（1）识图内容

通过识图可知钢网架结构中钢管、钢板型号以及长度，通过钢材理论质量可计算出工程量。

（2）工程量计算

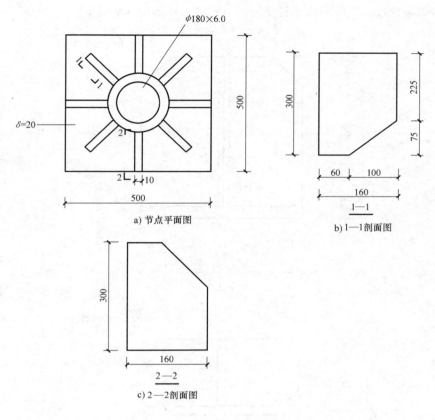

图 5-8　网架米字形板节点

① 清单工程量

底板工程量计算：$-500×20$，长度 $L=500mm$

工程量 $=0.5×0.5×157=39.25(kg)=0.0393(t)$

管筒工程量计算：$\phi180×6$，$L=300mm$；$\phi180×6$ 的理论质量为 $23.75kg$

工程量 $=23.75×0.3=7.125(kg)=0.0071(t)$

连接板工程量计算：$-160×10$，$L=300mm$

工程量 $=0.16×0.3×78.5×8=30.144(kg)=0.0301(t)$

则单个节点的工程量为

$0.0393+0.0071+0.0301=0.0765(t)$

整个网架该种节点的总制作工程量为

$0.0765×350=26.775(t)$

② 定额工程量

定额工程量同清单工程量。

【小贴士】　式中：0.0765 为每个节点质量；350 为节点数量。

【例 5-6】　在网架结构中，节点用钢量占整个网架用钢量的 20% ~ 25%，节点构造的好坏对结构性能、制造安装、耗钢量和工程造价都有相当大的影响。焊接钢板节点由十字节点板和盖板组成，适用于型钢杆件的连接。已知某网架结构中用到焊接钢板节点 200 个，试计算该网架中焊接钢板节点的制作工程量。节点构造尺寸如图 5-9 所示。

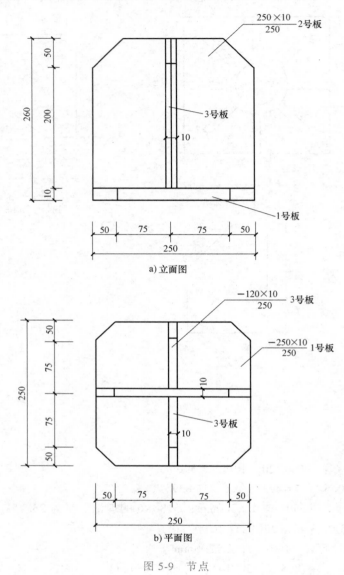

a) 立面图

b) 平面图

图 5-9　节点

【解】

（1）识图内容

通过识图可知钢网架结构中节点钢材型号以及长度，通过钢材理论质量可计算出工程量。

（2）工程量计算

① 清单工程量

1 号板－250×10（L=250mm）：0.25×0.25×78.5＝4.906（kg）

2 号板－250×10（L=250mm）：0.25×0.25×78.5＝4.906（kg）

3 号板－120×10（L=250mm）：2×0.12×0.25×78.5＝4.71（kg）

总制作工程量为

200×(4.906+4.906+4.71)=2904.4(kg)=2.904(t)

② 定额工程量

定额工程量同清单工程量。

【小贴士】 式中：78.5 为 10mm 厚钢板理论质量。

【例 5-7】 如图 5-10 所示为某室内篮球场屋顶的钢网架示意图，此网架全部采用等边角钢L 40×4，间距为 0.5m，求钢网架制作工程量。

【解】

（1）识图内容

通过识图可知钢网架尺寸，通过间距可计算出钢材根数以及长度，乘以钢材理论质量可计算出工程量。

（2）工程量计算

① 清单工程量

32m 范围内L 40×4 的根数：$\left(\frac{32}{0.5}+1\right)×2=$

130（根）

15m 范围内L 40×4 的根数：$\left(\frac{15}{0.5}\right)×2+1=61$

（根）

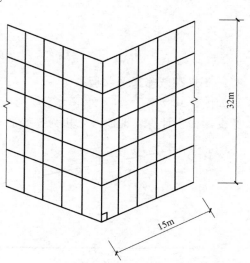

图 5-10 某室内篮球场屋顶的钢网架示意图

L 40×4 的制作工程量为根数×长度×单位理论质量，查表可得等边角钢L 40×4 的单位理论质量为 2.422kg/m，则

（130×15+61×32）×2.422=9450.64(kg)=9.451(t)

② 定额工程量

定额工程量同清单工程量。

【小贴士】 式中：（130×15+61×32）为钢材长度。

5.3 关系识图与疑难分析

5.3.1 关系识图

在计算角钢和钢板质量时，不扣除孔眼的质量，焊条、铆钉、螺栓等不另增加质量。如图 5-11 和图 5-12 所示。

5.3.2 疑难分析

1. 四边形钢板

钢屋架连接板，如图 5-13 所示，如果外形为四边形钢板，其面积计算时应按最长边与其垂直的最大宽度的面积计算。

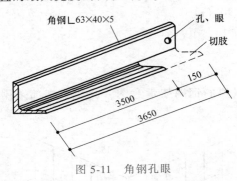

图 5-11　角钢孔眼

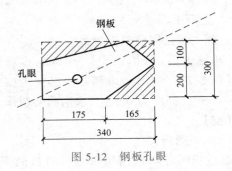

图 5-12　钢板孔眼

2. 不规则或多边形钢板

如图 5-14 所示，如果外形为不规则或多边形钢板，其面积计算应按最大对角线乘以最大宽度的面积计算，即以其长边为基线的外接矩形面积计算。

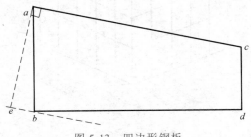

图 5-13　四边形钢板

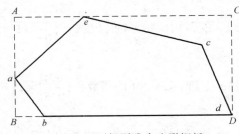

图 5-14　不规则或多边形钢板

第 **6** 章　钢托架、钢桁架

6.1　工程量计算依据

新的清单范围金属结构工程的子目包含钢托架、钢桁架 2 节。

钢托架、钢桁架计算依据一览表见表 6-1。

表 6-1　钢托架、钢桁架计算依据一览表

项目名称	清单规则	定额规则
钢托架	按设计图示尺寸以质量计算。不扣除孔眼的质量,焊条、铆钉、螺栓等不另增加质量	1. 金属构件质量按设计图示尺寸乘以理论质量计算 2. 金属构件计算工程量时,不扣除单个面积 ≤ 0.3m² 的孔洞质量,焊缝、铆钉、螺栓等不另增加质量
钢桁架	按设计图示尺寸以质量计算。不扣除孔眼的质量,焊条、铆钉、螺栓等不另增加质量	1. 金属构件质量按设计图示尺寸乘以理论质量计算 2. 金属构件计算工程量时,不扣除单个面积 ≤ 0.3m² 的孔洞质量,焊缝、铆钉、螺栓等不另增加质量

6.2　工程案例实战分析

6.2.1　问题导入

相关问题:

1)什么是钢桁架?

2)钢桁架的特点是什么?工程量是怎么计算的?

3)钢托架的工程量是怎么计算的?

6.2.2　案例导入与算量解析

1. 钢托架

(1)名词概念

视频 6-1:
钢托架

钢托架：在工业厂房中，由于工业或者交通需要，需要取掉某轴上的柱子，这时就要在大开间位置设置安装在两端柱子上的托架。直接支承于钢筋混凝土柱上的托架常采用下承式；支于钢柱上的托架常采用上承式。托架高度应根据所支承的屋架端部高度、刚度、经济要求以及有利于节点构造的原则来决定，一般取跨度的 1/10～1/5。托架的节间长度一般为 2m 或者 3m。当托架跨度大于 18m 时，可做成双壁式。此时，上下弦采用平放的 H 型钢以满足平面外刚度要求。托架是桁架的一种，钢托架用来支承钢屋架（或钢桁架），如图 6-1 所示。

音频 6-1：
钢托架和
钢桁架的区别

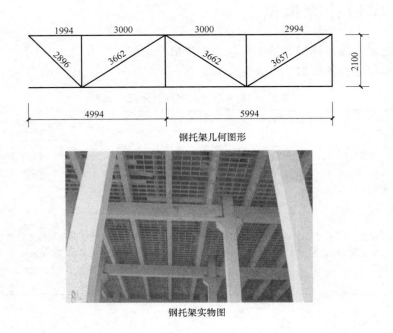

钢托架几何图形

钢托架实物图

图 6-1　钢托架

（2）案例导入与算量解析

【例 6-1】　某工厂钢托架立面图如图 6-2 所示，钢托架共 16 个，连接在钢筋混凝土柱上，试计算其工程量。

【解】

（1）识图内容

通过题干内容可知钢托架共 16 个，热轧普通槽钢理论质量见表 6-2，不等边角钢理论质量见表 6-3。

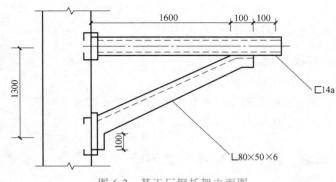

图 6-2　某工厂钢托架立面图

表6-2　热轧普通槽钢理论质量　　　　　　　　　（单位：kg/m）

型号	8	10	12.6	14a	14b
理论质量	10.24	12.74	15.69	18.51	16.73

表6-3　不等边角钢理论质量　　　　　　　　　　（单位：kg/m）

尺寸/(mm×mm×mm)	63×40×5	63×40×7	70×45×7	75×50×8	80×50×6
理论质量	3.920	5.339	6.011	7.431	5.935

（2）工程量计算

① 清单工程量

⊏14a 槽钢，16 根，理论质量为 14.53kg/m，则

（1.6+0.1×2）×16×14.53＝418.46（kg）

∟80×50×6 角钢，16 根，理论质量为 5.935kg/m，则

$（\sqrt{1.6^2+1.3^2}+0.1×2）×16×5.935＝214.61（kg）$

钢托架工程量合计为 418.46+214.61＝633.07（kg）＝0.633（t）

② 定额工程量

定额工程量同清单工程量。

【小贴士】　式中：（1.6+0.1×2）为⊏14a 槽钢长度，16 为根数；$（\sqrt{1.6^2+1.3^2}+0.1×2）$为∟80×50×6 角钢长度，16 为根数。

【例 6-2】　如图 6-3 所示的钢托架，上弦杆和斜向支撑杆为∟110×10 的角钢，连接板为 200mm×400mm 的 8mm 厚钢板，已知 8mm 厚钢板理论质量为 62.8kg/m²。试求其工程量。

【解】

（1）识图内容

通过题干内容可知上弦杆和斜向支撑杆为∟110×10 的角钢，连接板为 200mm×400mm 的 8mm 厚钢板。8mm 厚钢板理论质量为 62.8kg/m²，等边角钢理论质量见表6-4。

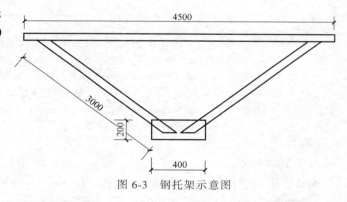

图 6-3　钢托架示意图

表6-4　等边角钢理论质量（一）　　　　　　　　（单位：kg/m）

尺寸/(mm×mm)	63×6	80×7	90×8	100×10	110×10
理论质量	5.721	8.525	10.946	15.120	16.690

（2）工程量计算

① 清单工程量

∟110×10 角钢，理论质量为 16.690kg/m，则

工程量：（4.5+3.0×2）×16.69＝175.25（kg）＝0.18（t）

连接板理论质量为 62.8kg/m²，则

工程量：0.2×0.4×62.8＝5.02（kg）＝0.005（t）

钢托架工程量合计为 0.18+0.005＝0.185（t）

② 定额工程量

定额工程量同清单工程量。

【小贴士】　式中：4.5+3.0×2 为上弦杆和两个斜向支撑杆的长度；0.2×0.4 为连接板的面积。

【例6-3】　某工厂钢托架立面示意图如图6-4所示，试计算其工程量。

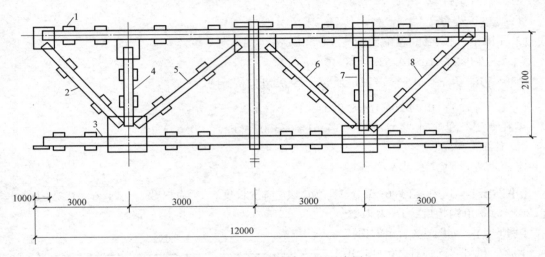

图 6-4　某工厂钢托架立面示意图

1—角钢∟110×10，L＝10800，2 根　2—角钢∟100×10，L＝2530，2 根

3—角钢∟100×10，L＝10400，2 根　4—角钢∟63×6，L＝1900，2 根

5—角钢∟100×10，L＝3190，2 根　6—角钢∟100×10，L＝3170，2 根

7—角钢∟63×6，L＝1900，2 根　8—角钢∟100×10，L＝3160，2 根

【解】

（1）识图内容

通过图示内容可知 1 为角钢∟110×10，L＝10800，2 根；2 为角钢∟100×10，L＝2530，2 根；3 为角钢∟100×10，L＝10400，2 根；4 为角钢∟63×6，L＝1900，2 根；5 为角钢∟100×10，L＝3190，2 根；6 为角钢∟100×10，L＝3170，2 根；7 为角钢∟63×6，L＝1900，2 根；8 为角钢∟100×10，L＝3160，2 根。等边角钢理论质量见表6-4。

（2）工程量计算

① 清单工程量

1 号角钢∟110×10，2 根，理论质量为 16.690kg/m，则

10.8×2×16.690＝360.50（kg）

2 号角钢∟100×10，2 根，理论质量为 15.120kg/m，则

2.53×2×15.120＝76.51（kg）

3 号角钢∟100×10，2 根，理论质量为 15.120kg/m，则

10.4×2×15.120＝314.50（kg）

4 号角钢L 63×6，2 根，理论质量为 5.721kg/m，则

1.9×2×5.721 = 21.74(kg)

5 号角钢L 100×10，2 根，理论质量为 15.120kg/m，则

3.19×2×15.120 = 96.47(kg)

6 号角钢L 100×10，2 根，理论质量为 15.120kg/m，则

3.17×2×15.120 = 95.86(kg)

7 号角钢L 63×6，2 根，理论质量为 5.721kg/m，则

1.9×2×5.721 = 21.74(kg)

8 号角钢L 100×10，2 根，理论质量为 15.120kg/m，则

3.16×2×15.120 = 95.56(kg)

钢托架工程量合计为 360.50 + 76.51 + 314.50 + 21.74 + 96.47 + 95.86 + 21.74 + 95.56 = 1082.88(kg)= 1.083(t)

② 定额工程量

定额工程量同清单工程量。

【小贴士】　式中：10.8 为 1 号角钢长度，2 为根数；2.53 为 2 号角钢长度，2 为根数；10.4 为 3 号角钢长度，2 为根数；1.9 为 4 号角钢长度，2 为根数；3.19 为 5 号角钢长度，2 为根数；3.17 为 6 号角钢长度，2 为根数；1.9 为 7 号角钢长度，2 为根数；3.16 为 8 号角钢长度，2 为根数。

【例 6-4】　某工程采用的钢托架示意图如图 6-5 所示，连接板为 6mm 厚钢板，塞板为 4mm 厚钢板。已知 6mm 厚钢板理论质量为 47.1kg/m²，4mm 厚钢板理论质量为 31.4kg/m²。求该钢托架的工程量。

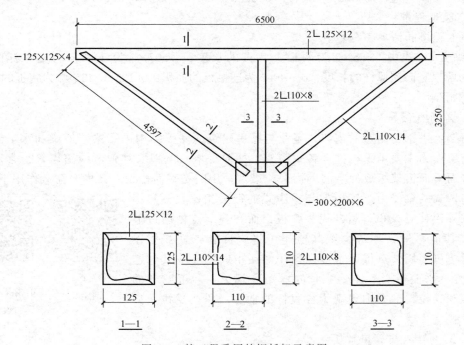

图 6-5　某工程采用的钢托架示意图

【解】

（1）识图内容

通过图示内容可知 2∟125×12，$L=6500$；2∟110×14，$L=4597$；2∟110×8，$L=3250$。等边角钢理论质量见表6-5。

表6-5　等边角钢理论质量（二）　　　　　　　　　　　（单位：kg/m）

尺寸/(mm×mm)	100×10	110×8	110×10	110×14	125×12
理论质量	15.120	13.532	16.690	22.809	22.696

（2）工程量计算

① 清单工程量

∟125×12 角钢，理论质量为 22.696kg/m，则

工程量：6.5×2×22.696=295.05（kg）=0.295（t）

∟110×14 角钢，理论质量为 22.809kg/m，则

工程量：4.597×4×22.809=419.41（kg）=0.419（t）

∟110×8 角钢，理论质量为 13.532kg/m，则

工程量：3.25×2×13.532=87.96（kg）=0.088（t）

连接板理论质量为 47.1kg/m²，则

工程量：0.3×0.2×47.1=2.826（kg）=0.003（t）

塞板理论质量为 31.4kg/m²，则

工程量：0.125×0.125×2×31.4=0.98（kg）=0.001（t）

钢托架工程量合计为 0.295+0.419+0.088+0.003+0.001=0.806（t）

② 定额工程量

定额工程量同清单工程量。

【小贴士】　式中：6.5×2 为两根上弦杆的长度；4.597×4 为 4 根斜向支撑杆的长度；3.25×2 为两根竖向支撑杆的长度；0.3×0.2 为连接板的面积；0.125×0.125×2 为塞板的面积。

2. 钢桁架

（1）名词概念

钢桁架：用钢材制造的桁架，工业与民用建筑的屋盖结构吊车梁、桥梁和水工闸门等，常用钢桁架作为主要承重构件。各式塔架，如桅杆塔、电视塔和输电线路塔等，常用三面、四面或多面平面桁架组成的空间钢桁架。最常采用的是平面桁架，在横向荷载作用下其受力相当于格构式的梁受力。钢桁架与实腹式的钢梁相比较，其特点是以弦杆代替翼缘和以腹杆代替腹板，而在各节点处通过节点板（或其他零件）用焊缝或其他连接将腹杆和弦杆互相连接；有时也可不用节点板而直接将各杆件互相焊接（或其他连接）。这样，平面桁架整体受弯时的弯矩表现为上、下弦杆的轴心受压和受拉，剪力则表现为各腹杆的轴心受压或受拉。如图 6-6 所示。

视频 6-2：
钢桁架

音频 6-2：
钢桁架的杆件
截面设计要求

（2）案例导入与算量解析

【例 6-5】　某建筑钢桁架如图 6-7 所示，已知上、下弦以及斜向支撑均采用∟110×10 的

图 6-6　钢桁架

角钢，连接板采用 200mm×400mm 厚 8mm 的钢板。已知 8mm 厚钢板理论质量为 62.8kg/m²。试计算此钢桁架工程量。

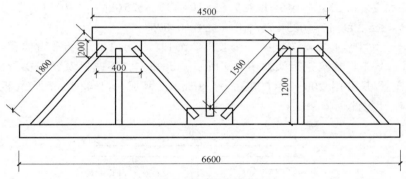

图 6-7　某建筑钢桁架

【解】

（1）识图内容

通过题干内容可知上、下弦以及斜向支撑均采用 L 110×10 的角钢，连接板采用 200mm×400mm 厚 8mm 的钢板，8mm 厚钢板理论质量为 62.8kg/m²。等边角钢理论质量见表 6-4。

（2）工程量计算

① 清单工程量

角钢 L 110×10，理论质量为 16.690kg/m，则

上、下弦杆工程量：$(4.5+6.6)×16.69=185.26(kg)=0.185(t)$

竖向支撑杆工程量：$1.2×3×16.69=60.08(kg)=0.06(t)$

斜向支撑杆工程量：$(1.8×2+1.5×2)×16.69=110.15(kg)=0.11(t)$

连接板工程量：$0.2×0.4×62.8×3=15.07(kg)=0.015(t)$

钢桁架工程量合计：$0.185+0.06+0.11+0.015=0.37(t)$

② 定额工程量

定额工程量同清单工程量。

【小贴士】 式中：4.5+6.6 为上、下弦杆的长度；（1.8×2+1.5×2）为 4 根斜向支承杆

的长度，外侧两根与内侧两根长短不同。

【例6-6】 某桁架上弦杆截面为2∟125×10的组合T形截面，如图6-8所示，节点板厚12mm，长度为1.5m，节点板的钢板密度为7.85g/cm³。已知∟125×10的理论质量为19.133kg/m。计算此杆的工程量。

【解】

（1）识图内容

通过题干内容可知上弦杆截面为2∟125×10的组合T形截面，节点板厚12mm，长度为1.5m，节点板的钢板密度为7.85g/cm³，∟125×10的理论质量为19.133kg/m。

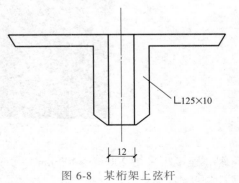

图6-8 某桁架上弦杆

（2）工程量计算

① 清单工程量

角钢∟125×10，理论质量为19.133kg/m，则

1.5×2×19.133 = 57.399（kg）= 0.057（t）

节点板工程量：0.125×0.012×1.5×7.85×10³ = 17.6625（kg）= 0.018（t）

总工程量：57.399+17.6625 = 75.0615（kg）= 0.075（t）

【小贴士】 式中：1.5×2为上弦杆的长度；0.125×0.012×1.5为节点体积。

【例6-7】 某工厂建筑钢桁架如图6-9所示，已知上、下弦以及斜向支撑均采用∟100×10的角钢，连接板采用200mm×600mm厚8mm的钢板。已知8mm厚钢板理论质量为62.8kg/m²。试计算此钢桁架工程量。

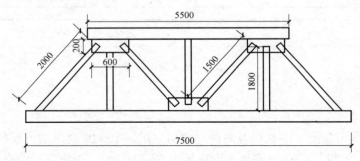

图6-9 某工厂建筑钢桁架

【解】

（1）识图内容

通过题干内容可知上、下弦以及斜向支撑均采用∟100×10的角钢，连接板采用200mm×600mm厚8mm的钢板，8mm厚钢板理论质量为62.8kg/m²。等边角钢理论质量见表6-4。

（2）工程量计算

① 清单工程量

角钢∟100×10，理论质量为15.120kg/m，则

上、下弦杆工程量：（5.5+7.5）×15.12 = 196.56（kg）= 0.197（t）

竖向支撑杆工程量：1.8×3×15.12 = 81.648（kg）= 0.08（t）

斜向支撑杆工程量：（2×2+1.5×2）×15.12 = 105.84（kg）= 0.11（t）

连接板工程量：$0.2 \times 0.6 \times 62.8 \times 3 = 22.608 (\mathrm{kg}) = 0.023 (\mathrm{t})$

钢桁架工程量合计为 $0.197 + 0.08 + 0.11 + 0.023 = 0.41 (\mathrm{t})$

② 定额工程量

定额工程量同清单工程量。

【小贴士】 式中：5.5+7.5 为上、下弦杆的长度；（2×2+1.5×2）为 4 根斜向支承杆的长度，外侧两根与内侧两根长短不同。

【例 6-8】 某钢结构雨篷采用方钢管桁架结构，高度 4.2m，化学螺栓锚固在钢筋混凝土圈梁上，锚固长度 200mm，要求二级焊缝探伤，刷一遍防锈漆，试计算钢桁架工程量。钢结构雨篷各构件质量计算单见表 6-6。

表 6-6　钢结构雨篷各构件质量计算单

构件名称	数量	截面规格	工程量计算公式	单位	工程量
L1	2	4×□50×30×2.75	$2 \times (4 \times 2 + 4 \times 5 \times 0.14) \times 3.454/1000 = 0.075$	t	0.075
L2	2	4×□50×30×2.75	$2 \times [(4 \times 0.35 + 1.523 + 0.35) + 10 \times 0.114] \times 3.454/1000 = 0.091$	t	0.091
L3	2	4×□50×30×2.75	$2 \times [4 \times 7 + 17 \times 2 \times (0.14 + 0.04)] \times 3.454/1000 = 0.236$	t	0.236
LL1	3	4×□50×30×2.75	$3 \times (2 \times 2 \times 4 \times 0.85 + 5 \times 2 \times 4 \times 1.1) \times 3.454/1000 = 0.597$	t	0.597
小计	—	—	—	t	0.999

【解】

（1）识图内容

通过题干内容可知钢结构雨篷采用方钢管桁架结构，高度 4.2m，化学螺栓锚固在钢筋混凝土圈梁上，锚固长度 200mm，要求二级焊缝探伤，刷一遍防锈漆。

（2）工程量计算

① 清单工程量

钢桁架工程量：$0.075 + 0.091 + 0.236 + 0.597 = 0.999 (\mathrm{t})$

② 定额工程量

定额工程量同清单工程量。

【小贴士】 式中：0.075 为 L1 工程量；0.091 为 L2 工程量；0.236 为 L3 工程量；0.597 为 LL1 工程量。

6.3　关系识图与疑难分析

6.3.1　关系识图

1. 钢托架

当柱距大于屋架间距时，沿纵向柱列布置并支撑中间屋架的受弯构件，当为桁架式时称为托架，当为实腹式时称为托梁。一般情况采用托架，只有高度受到限制或有其他特殊要求时才采用托架。托架和托梁的跨度≥12m，与柱的连接均做成铰接。

根据截面形式，托架可分为单壁式和双壁式两种，如图 6-10 所示。通常多采用单壁式托架，当需要抵抗扭转以及跨度和荷载均较大时，可采用双壁式。托架跨度一般为 12～36m，与柱连接一般为上弦端节点铰接支撑的连接（上承式连接）。

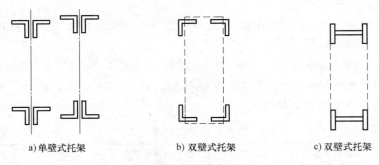

a) 单壁式托架   b) 双壁式托架   c) 双壁式托架

图 6-10　托架截面形式

托架一般设计为平行弦桁架，如图 6-11a 所示，腹杆常采用带竖杆的人字式。其支座斜杆多用下降式，以保证托架支撑于柱的稳定性。当托架跨度荷载都较大（跨度大于 24m）时，为了减小用钢量及增加纵向柱列刚度，也可设置八字撑作为托架的附加支点，如图 6-11b 所示。此时托架应按超静定结构计算，并应使吊车梁制动结构及连接能承受八字撑传来的附加水平拉力，同时还应控制地基差异沉降在允许的范围之内。

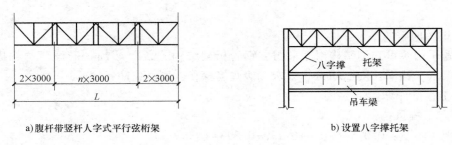

a) 腹杆带竖杆人字式平行弦桁架   b) 设置八字撑托架

图 6-11　托架的形式

有时为了连接屋架的方便，托架与中间屋架相连处的竖腹杆，也可采用中间分离的组合腹杆；或为了托架端部连接构造统一，腹杆也可采用劲性短柱与屋架连接。

托架高度应根据所支撑的屋架端部高度、刚度、允许净空及构造要求等确定，一般为其跨度的 1/10～1/5，跨度大时取较小值，跨度小时取较大值。屋架与托架的连接应尽量采用平接。平接可使托架在使用中不会过分扭转，且使屋盖整体刚度较好。但横向天窗屋盖以及三角形屋架或钢筋混凝土屋架等与托架（梁）连接应采用叠接。在中间柱列处，当两侧屋架标高相同时，如平接，宜共用一榀托架；如必须采用叠接，最好用两榀托架各自独立，以免相邻屋架反力不同，使托架产生过大的扭转变形。当两侧屋架标高不等时，可根据具体情况选择连接形式。

2. 钢桁架

与实腹梁相比，钢桁架是用稀疏的腹杆代替全体的腹板，并且杆件首要接受轴心力，常能节省钢材和减轻构造自重，这使得钢桁架格外适用于跨度或高度较大的构造。此外，钢桁架还便于按照不一样的运用需要制成各种需要的外形。此外，因为腹杆钢材用量比实腹梁的腹板有所减少，钢桁架常可做成较大高度和刚度。但是，钢桁架的杆件和节点较多，构造较为杂乱，制造较为费工。

在钢桁架中梁式简支桁架最为常用，如图 6-12 所示。因为这种桁架受力清晰，杆件内力不受支座沉陷和温度改动的影响，构造简单，设备方便；但用钢量稍大。刚架式和多跨连续钢桁架等能节省钢材，但其内力受支座沉陷和温度改动的影响较活络，制造和设备精度要求较高，因而选用较少。在单层厂房钢骨架中，屋盖钢桁架常与钢柱构成单跨或多跨刚架，水平刚度较大，能满足较大起重机或振动荷载的需要。连续钢桁架常用于较大跨度的桥梁等结构和有纤绳的桅杆塔结构。在大跨度的公共建筑和桥梁中，也常选用拱式钢桁架。在海洋平台和某些房屋构造中，也常选用悬臂式钢桁架。各种塔架都归于悬臂式构造。

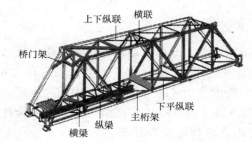

结构图

实物图

图 6-12　梁式简支桁架

音频 6-3：
钢桁架的连接方法

钢桁架按杆件内力、杆件截面和节点构造不同，可分为一般、重型和轻型钢桁架几种。一般钢桁架选用单腹式杆件，一般是两个角钢构成的 T 形截面，有时也用十字形、槽形或管形等截面，在节点处用一块节点板连接，构造简单，运用最广。重型钢桁架的杆件受力较大，选用由钢板或型钢构成的 H 型或箱形截面，节点处用两块平行的节点板连接，常用于跨度和荷载较大的钢桁架，如桥梁和大跨度屋架等。轻型钢桁架选用小角钢及圆钢，或选用冷弯薄壁型钢，节点处可用节点板连接，也可将杆件直接相连，首要用于跨度较小、屋面较轻的屋盖构造。为了保证平面钢桁架在桁架平面外的刚度和稳定性、减小弦杆在桁架平面外的计算长度并承受可能的侧向荷载，应在钢桁架侧向布置支撑。如图 6-13 所示。

6.3.2　疑难分析

1）支承屋架间距 6m、跨度为 18～36m 或支承两柱距 12m 而设置的承托屋架的钢构件，

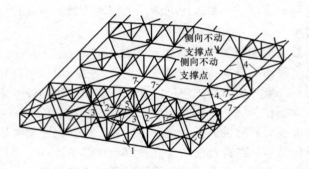

图 6-13　钢桁架支撑

1—屋架　2—上弦横向水平支撑　3—下弦横向水平支撑　4—下弦纵向水平支撑
5—中央垂直支撑　6—端部垂直支撑　7—系杆

称为钢托架。钢桁架是一种可以支承山墙的钢构件。某些工业厂房中，由于使用和交通上的需求，要抽去其中的一根（或几根）柱子，将两个开间合拼成一个开间，称为扩大开间。此时就需要在扩大开间的两根柱上架设一根跨度等于柱距的梁来承托中间的屋架，此种梁就称为托架梁（即承托屋架的梁）。当这种梁由多种钢材组成桁架结构形式时称为托架，如图6-14 所示。当采用一种或两种型钢组成实腹式结构时称为托梁，只有高度受到限制或有其他特殊要求时才采用托梁。在钢筋混凝土梁工程中统称为托架梁，如图 6-15 所示。

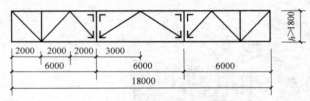

图 6-14　支承于钢柱上的托架

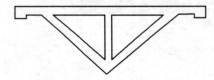

图 6-15　钢筋混凝土托架梁

2）钢托架和钢桁架按不同钢材品种、规格、单榀质量、安装高度、吊装机械、螺栓种类、探伤要求以设计图示尺寸质量计算。不扣除孔眼的质量，焊条、铆钉、螺栓等不另增加质量。

第7章 钢柱

7.1 工程量计算依据

新的清单范围钢柱工程划分的子目包含钢柱 1 节，共 3 个项目。

钢柱工程量计算依据一览表见表 7-1。

表 7-1 钢柱工程量计算依据一览表

项目名称	清单规则	定额规则
实腹钢柱	按设计图示尺寸以质量计算。不扣除孔眼的质量，焊条、铆钉、螺栓等不另增加质量，依附在钢柱上的牛腿及悬臂梁等并入钢柱工程量内	1. 依附在钢柱上的牛腿及悬臂梁的质量等并入钢柱的质量内，钢柱上的柱脚板、加劲板、柱顶板、隔板和肋板并入钢柱的工程量内
空腹钢柱		2. 钢管柱上的节点板、加强环、内衬板（管）、牛腿等并入钢管柱的质量内
钢管柱	按设计图示尺寸以质量计算。不扣除孔眼的质量，焊条、铆钉、螺栓等不另增加质量，钢管柱上的节点板、加强环、内衬管、牛腿等并入钢管柱工程量内	

7.2 工程案例实战分析

7.2.1 问题导入

相关问题：

1）简要概述钢柱制作。其中，制作实腹式钢柱需要注意的问题有哪些？

2）钢柱工程包括哪几类？工程量怎么计算？

3）钢结构中实腹式钢柱与空腹式钢柱的区别有哪些？

4）如何安装钢柱？

7.2.2 案例导入与算量解析

1. 实腹钢柱

（1）名词概念

音频 7-1：
钢柱

视频 7-1：
实腹钢柱

实腹钢柱是钢柱中常见的一种截面形式，它是用钢板围焊成矩形，中间呈空心状的钢构件。实腹钢柱主要有以下三种截面形式：

1）冷弯薄壁型钢截面，包括带卷边和不带卷边的角钢或槽钢等。

2）型钢和钢板连接而成的组合截面。

3）热轧型钢截面，也是最常见的，包括圆钢、圆管、方管、角钢、T形钢、槽钢和工字钢等。

以上三种截面形式的共同特点是柱子截面的两个主轴均通过组成柱子的板件。如图 7-1 所示。

（2）案例导入与算量解析

【例 7-1】 某建筑 H 型实腹钢柱如图 7-2 所示，其长度为 3.3m，共 20 根，试计算实腹钢柱的工程量。

图 7-1　实腹钢柱

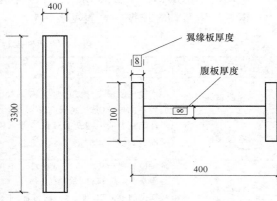

图 7-2　某建筑 H 型实腹钢柱

【解】

（1）识图内容

通过题干内容可知实腹钢柱每根长度为 3.3m，共 20 根。另外，8mm 厚钢板的理论质量为 $62.8kg/m^2$。

（2）工程量计算

① 清单工程量

$$翼缘板工程量 = 62.8×0.1×3.3×2$$
$$= 41.45（kg）$$
$$= 0.041（t）$$

$$腹板工程量 = 62.8×3.3×（0.4-0.008×2）$$
$$= 79.58（kg）$$
$$= 0.080（t）$$

$$实腹钢柱工程量 = （0.041+0.080）×20$$
$$= 2.42（t）$$

② 定额工程量

定额工程量同清单工程量。

【小贴士】　式中：62.8×0.1×3.3×2 为两个翼缘板为 8mm 厚钢板的每平方米的理论质量。

【例 7-2】　某钢结构工程中，钢柱长为 4800mm，钢管外径为 φ108mm，壁厚为 4mm，细部尺寸如图 7-3 所示。在本工程中，共用到 24 根此类钢柱，试求其实腹钢柱的工程量。

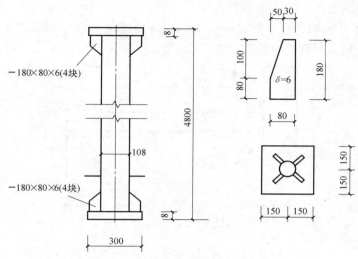

图 7-3　某钢结构工程实腹钢柱示意图

【解】

（1）识图内容

通过题干内容可知钢柱长为 4800mm，钢管外径为 φ108mm，壁厚为 4mm。方形钢板厚度为 8mm，其钢板密度为 7850kg/m³；不规则钢板厚度为 6mm，上下一共 8 块。

（2）工程量计算

1）清单工程量

① 方形钢板（$\delta=8$mm），钢板密度为 7850kg/m³。

每平方米质量：7850×0.008=62.8（kg/m²）

钢板面积：（0.15+0.15）×（0.15+0.15）=0.09（m²）

质量小计：62.8×0.09×2=11.30（kg）

② 不规则钢板（$\delta=6$mm），上下共 8 块。

每平方米质量：7850×0.006=47.1（kg/m²）

钢板面积：0.18×0.008=0.0144（m²）

质量小计：47.1×0.0144×8=5.43（kg）

③ 钢管 φ108×4，每米质量按 $W=0.02466×$壁厚×（外径−壁厚）计算为 10.26kg/m：

（4.8−0.008×2）×10.26=49.08（kg）

④ 24 根钢柱质量：

（11.3+5.43+49.08）×24

=1579.44（kg）

=1.579（t）

2）定额工程量

定额工程量同清单工程量。

【小贴士】 式中：0.008 为方形钢板的厚度，7850 为方形钢板的密度；（0.15+0.15）×（0.15+0.15）为方形钢板的面积；2 为方形钢板的个数；0.006 为不规则钢板的厚度；0.18×0.008 为不规则钢板的面积（忽略缺口之后的单个面积）；10.26 为钢管 φ108×4 每米质量；4.8 为钢柱的长度；24 为钢柱的根数。

【例 7-3】 某 H 型钢，规格为 400mm×200mm×12mm×16mm，如图 7-4 所示，其长度为 8.37m，试计算其施工图钢柱预算工程量。

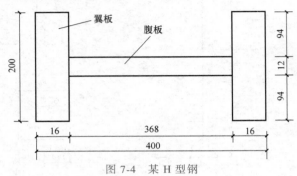

图 7-4 某 H 型钢

【解】

（1）识图内容

通过图示内容可知空腹钢柱的规格为 400mm×200mm×12mm×16mm。

（2）工程量计算

① 清单工程量

12mm 钢板的理论质量为 $0.012×7850 = 94.20$（kg/m^2），16mm 钢板的理论质量为 $0.016×7850 = 125.60$（kg/m^2）。

12mm 钢板的工程量：

$94.20×0.368×8.37 = 290.15$（kg）$= 0.290$（t）

16mm 钢板的工程量：

$125.60×0.2×8.37 = 210.25$（kg）$= 0.210$（t）

总的预算工程量：

$0.290+0.210 = 0.500$（t）

② 定额工程量

定额工程量同清单工程量。

【小贴士】 式中：94.20 为 12mm 钢板的理论质量；0.368 为 12mm 腹板的长度；8.37 为 H 型钢的长度；125.60 为 16mm 钢板的理论质量；0.2 为 16mm 翼板的长度。

2. 空腹钢柱

（1）名词概念

空腹钢柱是指腹部呈 H 形，四周用钢板围焊成矩形的钢构件，如图 7-5 所示。

格构柱（空腹柱的一种）的任意两个纵向截面不是完全相同的，是由两肢或多肢组成（肢一般是格构钢柱从柱脚到柱顶的纵向通长型钢），各肢间

视频 7-2：
空腹钢柱

用缀条或缀板连接（缀条和缀板一般是连接肢的横向或斜向型钢，它一般比肢的规格型号要小）。需要注意的是，如果 H 型钢的腹板不是整块钢板焊接而成的，而是采用多块钢板间隔焊接或腹板开有连续的孔洞，则应该是格构柱。

（2）案例导入与算量解析

【例 7-4】 某建筑采用如图 7-6 所示空腹钢柱，共 20 根，试求其工程量。

【解】

（1）识图内容

通过图示内容可知空腹钢柱的长度为

图 7-5 空腹钢柱

3900mm，板（1）为 -200×8mm，其中 8mm 厚钢板理论质量为 62.8kg/m²；空腹柱上、下底板尺寸为 400mm×400mm×8mm，└28a 槽钢理论质量为 31.43kg/m。

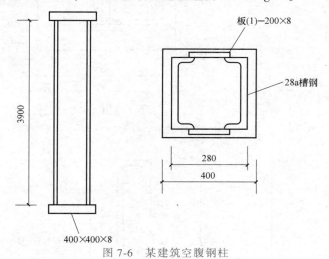

图 7-6 某建筑空腹钢柱

（2）工程量计算

① 清单工程量

$$板（1）-200×8 工程量 = 3.9×0.2×2×62.8$$
$$= 97.97（kg）$$
$$= 0.098（t）$$

$$空腹柱上、下底板工程量 = 0.4×0.4×2×62.8$$
$$= 20.10（kg）$$
$$= 0.02（t）$$

$$└28a 槽钢的工程量 = 31.43×3.9×2$$
$$= 245.15（kg）$$
$$= 0.245（t）$$

$$空腹柱工程量 = （0.098+0.02+0.245）×20 = 7.26（t）$$

② 定额工程量

定额工程量同清单工程量。

【小贴士】 式中：3.9 为钢柱的长度；0.4×0.4×2 为上、下底板的截面面积；20 为空腹钢柱的个数。

【例 7-5】 钢柱制作示意图如图 7-7~图 7-9 所示，试求钢柱制作工程量。

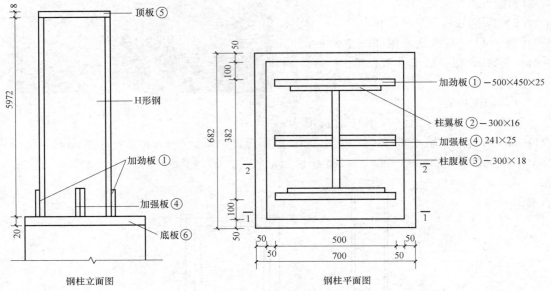

图 7-7　钢柱制作示意图（一）

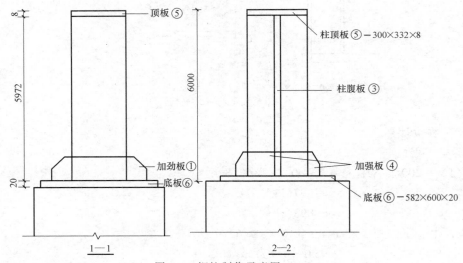

图 7-8　钢柱制作示意图（二）

【解】

（1）识图内容

通过图示内容可知钢柱的长度为 5972mm；加劲板厚度为 25mm 钢板、柱翼板厚度为 16mm 钢板、柱腹板厚度为 18mm 钢板、加强板厚度为 25mm 钢板、柱顶板厚度为 8mm 钢

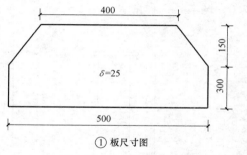

① 板尺寸图

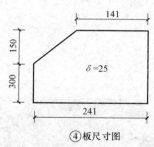

④ 板尺寸图

图 7-9　钢柱制作示意图（三）

板、柱底板厚度为 20mm 钢板；此外，钢板密度为 7850kg/m³。

（2）工程量计算

①清单工程量

加劲板①（$\delta=25$）：$0.5\times(0.3+0.15)\times7850\times0.025\times2$
$$=88.31(kg)$$

柱翼板②（$\delta=16$）：$0.3\times5.972\times7850\times0.016\times2$
$$=450.05(kg)$$

柱腹板③（$\delta=18$）：$0.3\times5.972\times7850\times0.018$
$$=253.15(kg)$$

加强板④（$\delta=25$）：$0.241\times(0.3+0.15)\times7850\times0.025\times2$
$$=42.57(kg)$$

柱顶板⑤（$\delta=8$）：$0.3\times0.332\times7850\times0.008$
$$=6.25(kg)$$

柱底板⑥（$\delta=20$）：$0.582\times0.6\times7850\times0.020$
$$=54.82(kg)$$

清单工程量合计：$88.31+450.05+253.15+42.57+6.25+54.82$
$$=895.15(kg)$$
$$=0.895(t)$$

② 定额工程量

定额工程量同清单工程量。

【小贴士】　式中：7850 为钢板密度；$0.5\times(0.3+0.15)$、0.3×5.972、0.3×5.972、$0.241\times(0.3+0.15)$、0.3×0.332、0.582×0.6 分别为加劲板、柱翼板、柱腹板、加强板、柱顶板、柱底板的钢板面积；0.025、0.016、0.018、0.025、0.008、0.020 分别为加劲板、柱翼板、柱腹板、加强板、柱顶板、柱底板的钢板厚度。

3. 钢管柱

（1）名词概念

钢管柱是指由整体钢管作为独立支撑的柱子，其制造工艺简单，安装方便，是由薄壁圆形钢管制成的结构构件。如图 7-10 所示。

（2）案例导入与算量解析

【例 7-6】　某建筑圆柱如图 7-11 所示。柱上、下底板与支

视频 7-3：
钢管柱

音频 7-2：
钢管柱的
拼接组装

撑板为 8mm 厚钢板，圆柱尺寸为 φ180×7.0，试求其工程量。

图 7-10 钢管柱

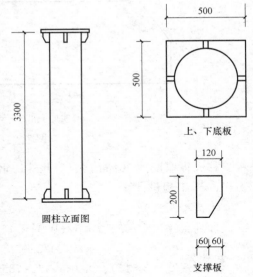

图 7-11 某建筑圆柱

【解】

（1）识图内容

通过图示内容可知圆柱的长度为 3300mm，上、下底板尺寸为 500mm×500mm，支撑板尺寸为 200mm×120mm，上下各 4 个。

（2）工程量计算

① 清单工程量

8mm 厚钢板理论质量为 62.8kg/m^2，则

φ180×7.0 圆柱的理论质量为 29.87kg/m

上、下底板工程量 = 0.5×0.5×2×62.8 = 31.4（kg）= 0.031（t）

支撑板工程量 = 0.2×0.12×4×2×62.8 = 12.06（kg）= 0.012（t）

圆柱工程量 = 29.87×3.3 = 98.57（kg）= 0.099（t）

钢管柱工程量 = 0.031+0.012+0.099 = 0.142（t）

② 定额工程量

定额工程量同清单工程量。

【小贴士】 式中：0.5×0.5×2 为上、下底板的总面积；0.2×0.12 为支撑板忽略缺口之后的单个面积；3.3 为圆柱的长度。

【例 7-7】 计算如图 7-12 所示 8 根钢管柱的工程量。

【解】

（1）识图内容

通过题干内容可知钢柱长为 4300mm，方形钢板厚度为 10mm，不规则钢板厚度为 6mm，上下一共 8 块。

（2）工程量计算

1）清单工程量

① 方形钢板（$\delta = 10$）

每平方米质量 $= 7.85 \times 10 = 78.5 (\mathrm{kg/m^2})$

钢板面积 $= 0.4 \times 0.4 = 0.16 (\mathrm{m^2})$

质量小计：$78.5 \times 0.16 \times 2 = 25.12 (\mathrm{kg})$

② 不规则钢板（$\delta = 6$）

每平方米质量 $= 7.85 \times 6 = 47.1 (\mathrm{kg/m^2})$

钢板面积 $= 0.18 \times 0.08 = 0.0144 (\mathrm{m^2})$

质量小计：$47.1 \times 0.0144 \times 8 = 5.43 (\mathrm{kg})$

③ 钢管质量

$4.29 (\text{长度}) \times 10.26 (\text{每米质量}) = 44.02 (\mathrm{kg})$

④ 8 根钢柱质量

$(25.12 + 5.43 + 44.02) \times 8 = 596.56 (\mathrm{kg}) = 0.597 (\mathrm{t})$

2）定额工程量

定额工程量同清单工程量。

【小贴士】　式中：10 为方形钢板的厚度；0.4×0.4 为方形钢板的面积；2 为方形钢板的个数；6 为不规则钢板的厚度；0.18×0.08 为不规则钢板的面积（忽略缺口之后的单个面积）；10.26 为钢管每米质量；4.29（$4.30 - 0.01$）为钢柱的长度；8 为钢柱的根数。

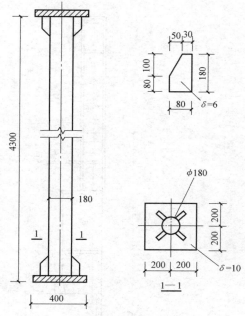

图 7-12　钢管柱

7.3　关系识图与疑难分析

7.3.1　关系识图

钢柱是指工业厂房用于支撑屋架和吊车梁，同时承挂墙板的构件，属于承重构件。钢柱为型钢与钢板拼焊组成，有格构式钢柱和实腹式钢柱等形式。

1）格构式钢柱。这种钢柱一般质量大，柱身高，两层牛腿，可供上、下层桥式起重机运行。如图 7-13 所示为格构式钢柱示意图。这种钢柱在某加工车间安装，其高度为30.94m，下段正面宽度为 2.875m，顶段正面宽度为 1.05m，侧面宽度为 0.8m，钢柱制造技术较复杂，最好在金属结构加工厂内进行。为便于运输和安装，钢柱设计为两段，运到现场进行吊装拼接。接装处有调整连接螺栓装置，如图 7-14 所示。

此外，格构式柱依靠缀板或缀条的连接使其形成整体受力构件，为加强其整体作用，常隔一定间距设置横隔。又因加工、运输、安装的需要，常将柱子分段，因此在每个单元的两端应设置横隔。实腹式受弯及压弯构件两端和较大集中荷载作用处，应设置支承加劲肋，当构件腹板高厚比较大时，构造上宜设横向加劲肋。

2）实腹式钢柱。这种钢柱主要是以翼缘板与腹板焊接结构为主，腹板贯穿整个钢柱，如图 7-15 所示。

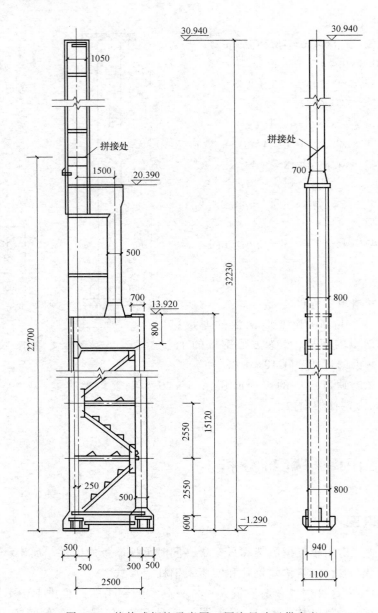

图 7-13　格构式钢柱示意图（图中尺寸只供参考）

7.3.2　疑难分析

1. 钢柱的制作

（1）格构式钢柱的制作

1）零件加工，包括钢材矫正，放样做样杆（要考虑焊接收缩量及加工余量），零件号孔、钻孔，柱身两肢工字形的翼缘板和腹板的接料等。

2）对柱身两肢工字形翼缘板装配和焊接，以及柱身两肢的槽形板的装配和焊接。

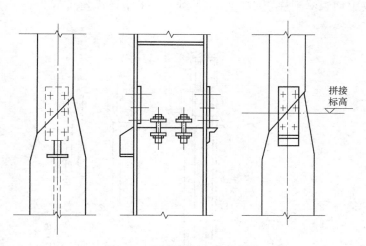

图 7-14　下段柱与上段柱拼装

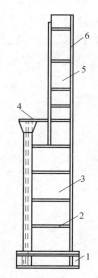

图 7-15　实腹式钢柱
1—柱脚　2—筋板　3—腹板
4—牛腿　5—柱　6—翼缘板

3）格构式柱身装配与焊接。装配时以牛腿刨光端为基准，按画出的装配线，放上腹杆，进行搭焊。接着进行总装配（即装配柱底板、柱脚加劲板、吊车梁支承板等）。总装配完成后，进行一次检查，合格后交下一道工序进行焊接。

4）焊接。焊接时要采取防止变形的措施，焊接经检查合格后，即可除锈和刷油漆，写好构件编号，即完成。

（2）实腹式钢柱的制作

制作这种钢柱要注意以下几方面：

1）在钢柱柱身的腹板上画出柱销的装配线，柱身的腹板和柱销的腹板应对平；柱身翼缘板的中心线和柱销翼缘板的中心线应成一直线；对正装配后才可搭焊。

2）在吊车梁支承板上画出装配线，对准装配线后方可搭焊。

3）柱底板上画出装配线，安上定位板进行装配和搭接焊。

4）柱底脚加劲板的装配和焊接，按顺序将中间加劲板、侧面板、水平角钢等随装配随搭焊。

2. 钢柱的安装

（1）钢柱安装前的准备工作

钢柱安装前，应对基础纵横轴线和标高线进行复核，无误后弹（画）出基准十字线。同时在钢柱上的三个侧面，画出柱子中心线，并根据牛腿面设计标高，利用钢卷尺量出柱下水平线的标高线，如图 7-16 所示。然后用钢柱上画的下水平线与基础平面标高线比较，以确定每个基础需垫板组的厚度，过高应抽去部分垫板，过低需补垫板，以达到补平效果，再用水准仪进行检查，其容许误差为 ±3mm。

视频 7-4：
钢柱的安装

（2）钢柱的安装测量

柱子安装时应保证其平面位置、高程及柱身的垂直度符合设计要求。钢柱吊上基础后，应使柱子三面的中心线与基础十字基准线对齐吻合（允许误差为 ±5mm），用螺栓固定，然后用两台经纬仪安装在距离 1.5 倍柱高的纵、横两条轴线附近，同时进行柱身的竖直校正，如图 7-17 所示。直至从两台经纬仪中均观测到柱子中心线从下到上与十字丝纵丝重合为止。最后将垫块组焊牢灌浆。

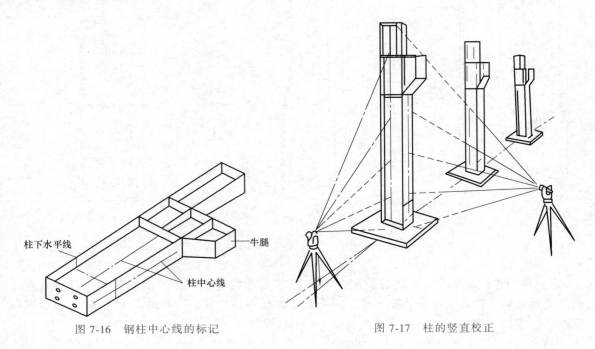

图 7-16　钢柱中心线的标记　　　　　　　　图 7-17　柱的竖直校正

8.1 工程量计算依据

新的清单范围钢梁工程的子目包含钢梁和钢吊车梁 2 节。

钢梁和钢吊车梁计算依据一览表见表 8-1。

表 8-1 钢梁和钢吊车梁计算依据一览表

项目名称	清单规则	定额规则
钢梁	按设计图示尺寸以质量计算。不扣除孔眼的质量,焊条、铆钉、螺栓等不另增加质量,制动梁、制动板、制动桁架、车档并入钢吊车梁工程量内	1. 金属构件质量按设计图示尺寸乘以理论质量计算 2. 金属构件计算工程量时,不扣除单个面积≤0.3m² 的孔洞质量,焊缝、铆钉、螺栓等不另增加质量
钢吊车梁	按设计图示尺寸以质量计算。不扣除孔眼的质量,焊条、铆钉、螺栓等不另增加质量,制动梁、制动板、制动桁架、车档并入钢吊车梁工程量内	1. 金属构件质量按设计图示尺寸乘以理论质量计算 2. 金属构件计算工程量时,不扣除单个面积≤0.3m² 的孔洞质量,焊缝、铆钉、螺栓等不另增加质量

8.2 工程案例实战分析

8.2.1 问题导入

相关问题:

1) 什么是钢梁?什么是钢吊车梁?

2) 钢梁的特点是什么?工程量是怎么计算的?

3) 钢吊车梁的工程量是怎么计算的?

8.2.2 案例导入与算量解析

1. 钢梁

(1) 名词概念

视频 8-1:
钢梁

钢梁是用钢材制造的梁。钢梁在建筑结构中应用广泛，梁是承受弯矩为主的构件，也就是以弯曲变形为主的杆件，也可能承受一定的剪力。钢梁主要用以承受横向荷载。厂房中的吊车梁和工作平台梁、多层建筑中的楼面梁、屋顶结构中的檩条等，都可以采用钢梁。如图8-1所示。

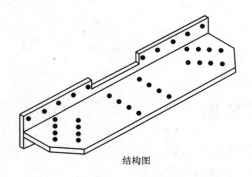

结构图

实物图

图 8-1　钢梁示意图

（2）案例导入与算量解析

【例 8-1】　某钢结构顶棚钢梁施工，钢梁采用的是工字形钢（工40c），顶棚通长30m，两个钢梁之间间隔5m，钢梁长 3m，工40c理论质量为 80.158kg/m，如图8-2所示。试求其工程量。

音频 8-1：
工字形钢的特点

【解】

（1）识图内容

通过题干内容可知钢梁采用的是工字形钢（工40c），顶棚通长30m，两个钢梁之间间隔5m，钢梁长 3m，工40c理论质量为 80.158kg/m。

（2）工程量计算

① 清单工程量

数量：30÷5+1＝7（根）

工程量：7×80.158×3＝1683.318(kg)＝1.683(t)

② 定额工程量

定额工程量同清单工程量。

【小贴士】　式中：7为刚架梁的总数。

【例 8-2】　某建筑采用匚28a槽形钢梁，钢梁长 7.2m，匚28a槽钢理论质量为 31.43kg/m，

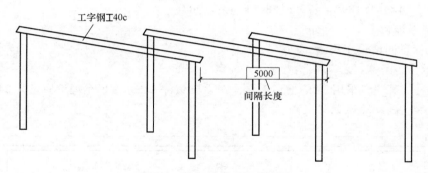

图 8-2　某钢结构顶棚示意图

如图 8-3 所示。试计算该钢梁工程量。

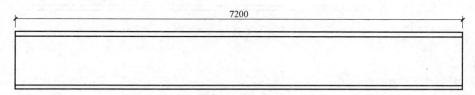

图 8-3　某建筑钢梁示意图

【解】

（1）识图内容

通过题干内容可知某建筑采用 $\sqsubset$ 28a 槽形钢梁，$\sqsubset$ 28a 槽钢理论质量为 31.43kg/m。

（2）工程量计算

① 清单工程量

工程量：7.2×31.43＝226.296（kg）＝0.23（t）

② 定额工程量

定额工程量同清单工程量。

【小贴士】　式中：7.2 为钢梁长度。

【例 8-3】　某钢结构建筑钢梁整体使用工字形钢 I63c，施工完成后共有钢梁 15 道，设计变更要拆去一道梁。钢梁长 4m，I63c 理论质量为 141.189kg/m，如图 8-4 所示。试求余下钢梁工程量。

【解】

（1）识图内容

通过题干内容可知钢梁整体使用工

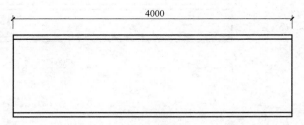

图 8-4　某钢结构建筑钢梁示意图

字形钢 I63c，施工完成后共有钢梁 15 道，设计变更要拆去一道梁。钢梁长 4m，I63c 理论质量为 141.189kg/m。

（2）工程量计算

① 清单工程量

总数：15-1＝14（道）

工程量：14×141.189×4 = 7906.584(kg) = 7.907(t)

② 定额工程量

定额工程量同清单工程量。

【小贴士】 式中：14 为钢梁数量；4 为钢梁长度。

【例 8-4】 某建筑采用⊏22a 槽形钢梁，钢梁长 9m，⊏22a 槽形钢理论质量为 24.999kg/m，如图 8-5 所示。试计算该钢梁工程量。

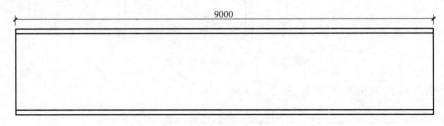

图 8-5 某建筑钢梁示意图

【解】

（1）识图内容

通过题干内容可知某建筑采用⊏22a 槽形钢梁，钢梁长 9m，⊏22a 槽形钢理论质量为 24.999kg/m。

（2）工程量计算

① 清单工程量

工程量：9×24.999 = 224.991(kg) = 0.22(t)

② 定额工程量

定额工程量同清单工程量。

【小贴士】 式中：9 为钢梁长度。

【例 8-5】 某建筑采用⊏25a 槽形钢梁，如图 8-6 和图 8-7 所示，已知⊏25a 槽形钢的理论质量是 27.4kg/m。试计算其工程量。

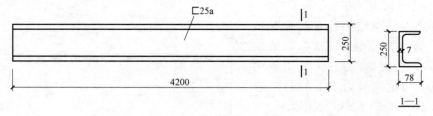

图 8-6 某建筑钢梁立面图

【解】

（1）识图内容

通过题干内容可知某建筑采用⊏25a 槽形钢梁，钢梁长 4.2m，⊏25a 槽形钢理论质量为 27.4kg/m。

（2）工程量计算

① 清单工程量

工程量：4.2×27.4 = 115.08(kg) = 0.12(t)

② 定额工程量

定额工程量同清单工程量。

【小贴士】 式中：4.2 为钢梁长度。

视频 8-2：
钢吊车梁

2. 钢吊车梁

（1）名词概念

钢吊车梁是支撑桥式起重机运行的梁结构。梁上有起重机轨道，起重机通过轨道在吊车梁上来回行驶。钢吊车梁是单层工业厂房的重要构件之一，有桁架式和实腹式两种。桁架式吊车梁用于柱距较大的厂房；实腹式

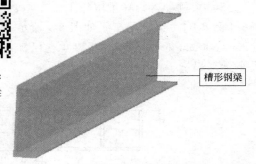

图 8-7 某建筑钢梁三维软件绘制图

吊车梁则用于柱距较小的厂房。制动梁用于钢吊车梁的稳固制动，它与钢柱及吊车梁焊接固定为一体。如图 8-8 所示。

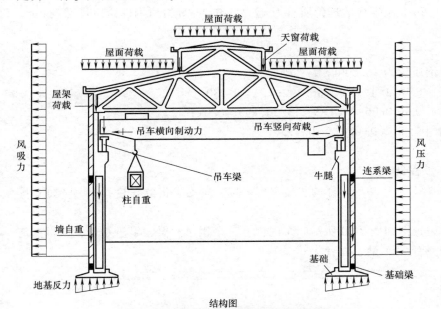

结构图

音频 8-2：
吊车梁的分类

图 8-8 钢吊车梁

实物图

（2）案例导入与算量解析

【例8-6】 某钢吊车梁如图8-9所示，其上、下弦杆为L 110×10 的角钢，竖向支撑板为 60mm×600mm 的 6mm 厚钢板支承。已知 6mm 厚钢板的理论质量为 47.1kg/m²，试计算该钢 吊车梁工程量。

图 8-9　某钢吊车梁示意图

【解】

（1）识图内容

通过题干内容可知某钢吊车梁的上、下弦杆为L 110×10 的角钢，竖向支撑板为 60mm× 600mm 的 6mm 厚钢板。6mm 厚钢板的理论质量为 47.1kg/m²。等边角钢理论质量见表 6-4。

（2）工程量计算

① 清单工程量

角钢L 110×10，理论质量为 16.690kg/m，则

上、下弦杆工程量：8.4×2×16.69 = 280.392（kg）= 0.280（t）

竖向支撑板工程量：0.6×0.06×47.1×9 = 15.26（kg）= 0.015（t）

钢吊车梁工程量合计为 0.280+0.015 = 0.295（t）

② 定额工程量

定额工程量同清单工程量。

【小贴士】 式中：8.4 为上、下弦杆的长度；0.6 为竖向支承板的长度；9 为竖向支撑 板数量。

【例8-7】 某车间俯视图如图8-10所示，车间内有一个钢吊车梁，梁重 0.7t，试根据清 单工程量计算规则计算该钢吊车梁工程量。

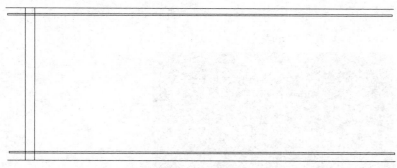

图 8-10　某车间俯视图

【解】

（1）识图内容

通过题干内容可知车间内有一个钢吊车梁，梁重 0.7t。

（2）工程量计算

① 清单工程量

钢吊车梁工程量：0.7t

② 定额工程量

定额工程量同清单工程量。

【小贴士】 式中：0.7 为钢吊车梁工程量。

【例 8-8】 某钢吊车梁如图 8-11 所示，其上、下弦杆为 L 110×12 的角钢，竖向支撑板为 50mm×500mm 的 8mm 厚钢板。已知 8mm 厚钢板的理论质量为 62.8kg/m²，试计算该钢吊车梁工程量。

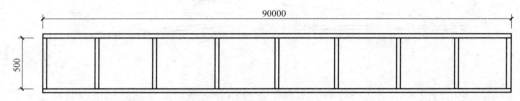

图 8-11 某钢吊车梁示意图

【解】

（1）识图内容

通过题干内容可知某钢吊车梁的上、下弦杆为 L 110×12 的角钢，竖向支撑板为 50mm×500mm 的 8mm 厚钢板。8mm 厚钢板的理论质量为 62.8kg/m²。等边角钢理论质量见表 8-2。

表 8-2 等边角钢理论质量 （单位：kg/m）

尺寸/(mm×mm)	63×6	80×7	90×8	110×10	110×12
理论质量	5.721	8.525	10.946	16.690	19.782

（2）工程量计算

① 清单工程量

角钢 L 110×12，理论质量为 19.782kg/m，则

上、下弦杆工程量：$9×2×19.782 = 356.076(kg) = 0.36(t)$

竖向支撑板工程量：$0.5×0.05×9×62.8 = 14.13(kg) = 0.014(t)$

钢吊车梁工程量合计为 $0.36+0.014 = 0.374(t)$

② 定额工程量

定额工程量同清单工程量。

【小贴士】 式中：9 为上、下弦杆的长度；0.5 为竖向支承板的长度。

8.3 关系识图与疑难分析

8.3.1 关系识图

1. 钢梁

钢梁依照梁截面沿长度方向有无变化，分为等截面梁和变截面梁。等截面梁构造简单、

制作方便，常用于跨度不大的场合。对于跨度较大的梁，为了合理使用钢材，常配合弯矩沿跨长的变化改变它的截面。如图 8-12 所示将工字形钢或 H 型钢的腹板斜向切开，颠倒相焊可以做成楔形梁。这也是一种变截面梁，可节省钢材，但增加了一些制造工作量。钢梁依照梁支承情况的不同，可以分为简支梁、悬臂梁和连续梁。钢梁一般多采用简支架，不仅制造简单，安装方便，而且可以避免支座沉陷所产生的不利影响。

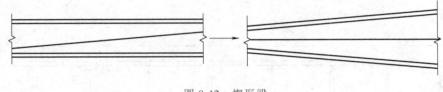

图 8-12　楔形梁

钢梁按受力情况的不同，可以分为单向受弯梁和双向受弯梁。屋面檩条以及吊车梁都是双向受弯梁，双向受弯梁如图 8-13 所示。由于吊车梁的水平荷载主要使上翼缘受弯，为了节约钢材，国内外学者曾对利用高强度钢材对钢梁施加预应力（图 8-14）的技术进行了比较深入的研究，在理论和实践上取得了一定的经验。它的基本原理是在梁的受拉侧设置具有较高预拉力的高强度钢筋、钢绞线或钢丝束，使梁在受荷载前产生反向的弯曲作用，从而提高钢梁在外荷载作用下的承载能力，达到节省钢材的目的，但这种形式使梁的制造工艺过程变得较为复杂。

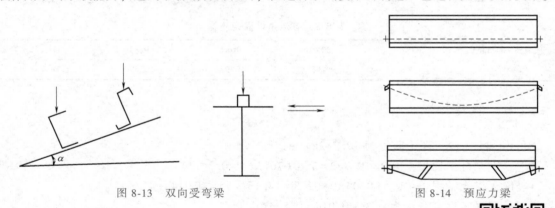

图 8-13　双向受弯梁　　　　　　　　　　　　图 8-14　预应力梁

2. 钢吊车梁

工程中常见的实腹式钢吊车梁的结构如图 8-15 所示。

在钢结构工程中，吊车梁与下段柱吊车肢的连接构造，需要按照吊车梁具体的支承方式以及传力的需要来设置必要的刨平顶紧、加劲肋和焊缝，通常支承吊车梁的平台板上还应当设置有垫板以改善受力。钢结构吊车梁设计以突缘支座传递反力给吊车梁平台时，因为吊车梁突缘板紧靠肩梁板中线，故肩梁板顶部需要与顶板刨平顶紧和焊接。如果肩梁板在水平方向伸到下段柱吊车肢腹板处终止，应在下柱吊车肢腹板外侧另设竖向加劲肋并与顶板刨平顶紧和焊接。如果肩梁板另设，那么可以把肩梁板延伸到下柱顶板的外侧，这样刨平顶紧和焊接后传力更加有利；但是下段柱吊车肢腹板的上部应当开槽，以方便肩梁板的插入。当吊车梁反力较大而肩梁板较薄使得刨平顶紧后局部承压强度不足时，那么应该将肩梁板在突缘部位两侧贴焊加强板，一般加强板厚度常用 20 ~ 40mm，用单面"V"形的坡口对焊并且需要刨平顶紧于顶板。另外，

视频 8-3：
钢吊车梁
系统

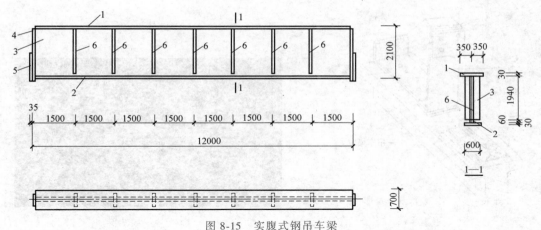

图 8-15　实腹式钢吊车梁

1—上翼缘板　2—下翼缘板　3—腹板　4—支撑板　5—调整板　6—加劲板

当吊车梁是平齐式支座时，需要在下柱吊车肢腹板的相应位置设置竖向加劲肋，并和顶板刨平顶紧和焊接，同时按照吊车梁最大的支座反力计算端面承压和焊缝的强度，与此同时肩梁板没有必要一定要穿出吊车肢而在吊车肢腹板处终止。竖向加劲肋可以在吊车肢腹板两侧对称布置或者可以采用两侧加劲肋做成整体插入吊车肢腹板的开槽口之中。

吊车梁是有起重机的厂房的重要构件之一。当厂房设有桥式或梁式起重机时，需要在柱牛腿上设置起重机梁，起重机轮子就在吊车梁铺设的轨道上运行。吊车梁直接承受起重机起重、运行和制动时产生的各种往返移动荷载。同时，吊车梁还要承担传递厂房纵向荷载（如山墙上的风荷载），保证厂房纵向刚度和稳定性。吊车梁系统是由吊车梁、制动结构、辅助桁架和支撑（水平支撑和垂直支撑）等部分组成的，如图 8-16 所示。

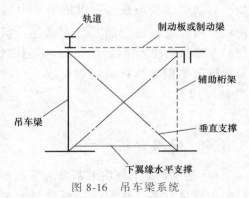

图 8-16　吊车梁系统

钢起重机轨道：按起重机吨位确定其断面和型号，可分为轻轨、重轨和方轨，按各种起重机的技术规格推荐用型号选定。

钢起重机轨道制作分为 38kg、43kg、50kg、70kg、80kg、100kg 和 120kg（均为理论质量）车档几个项目，在吊车梁的尽端，为防止起重机行驶中来不及刹车而冲撞山墙，同时限制起重机的行驶范围，应在吊车梁的尽端设置刹车。车档又称止冲器，是为了防止起重机行驶过程中来不及刹车而在起重机梁端部设置的阻挡装置，起重机起重量大，车档就越大；反之，则越小。大小与起重机起重量等有关，如图 8-17 所示。

托架梁：在工业厂房中，有时由于生产工艺或交通上的需要，将两个开间合并成一个开间，这样就要去掉一个墙柱（即扩大开间的距离），此时需要在大开间的两个边柱上架设一根承托中间屋架的梁，此梁就称为托架梁，即承托屋架的梁。在单层工业厂房中，当局部或全部柱距为 12m 或 12m 以上时，远大于屋架间距，需在屋架所在位置设托架梁，通过托架梁将屋架上荷载传给柱子，并增强厂房的横向刚度。托架梁如图 8-18 所示。

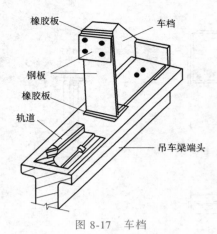

图 8-17　车档

图 8-18　托架梁

制动梁：主要用于承担起重机的横向水平制动力，并作为吊车梁受压翼缘的支承，以保证其整体稳定性，同时可作为人行走道和检修平台的一种用于起重机梁中的辅助板件。当起重机吊起重物，小车运行到某一位置刹车时，将会由重物和小车的惯性产生横向水平制动力，这个力通过小车制动轮与桥架轨道的摩擦力传给大车，再由大车传给吊车梁。吊车梁与横向制动架、制动梁螺栓连接，可以把制动力均匀传给柱。制动梁也可增加其横向强度。制动梁使吊车梁与钢柱连接在一起，起到制动作用。制动梁由型钢和连接板组焊而成。制动梁如图 8-19 所示。

音频 8-3：
制动梁的作用

8.3.2　疑难分析

1）钢梁基本上使用的都是工字形钢。工厂的平台梁、多层建筑的楼面梁等大多采用的是钢梁结构。在使用过程中，钢梁的强度是需要经过计算以确保其安全性的。像钢梁截面的大小需要满足强度、整体稳定和刚度等要求，故需要计算其强度、抗剪能力、整体稳定、刚度、局部稳定和腹板屈曲后强度等。

2）钢吊车梁工程量计算，计算方法同钢梁，其中翼缘板＝（吊车梁长度－端头节点板厚度）×翼缘板宽度×翼缘板的理论质量，腹板＝（吊车梁长度－端头节点板厚度）×（腹板截面高度－两块翼缘板厚度）×腹板的理论质量。

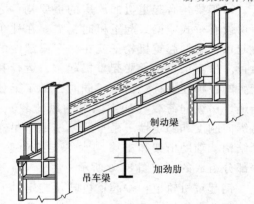

结构图

现场图
图 8-19　制动梁

3）在计算吊车梁工程量时，按照图样中节点详图把相关的节点板工程量计算出来（如节点板形状为不规则或多边形钢板以其最小外接矩形面积×该规格的理论质量计算），把工程量并入吊车梁中。

4）总重。总重＝单根吊车梁质量×吊车梁根数。

5）钢梁项目适用于钢梁和实腹式型钢混凝土梁、空腹式型钢混凝土梁。型钢混凝土梁是指由混凝土包裹型钢组成的梁。型钢混凝土梁浇筑混凝土，混凝土和钢筋按"混凝土和钢筋混凝土工程"中相关工程量清单项目编码列项。

6）钢吊车梁项目适用于钢吊车梁及吊车梁的制动梁、制动板、制动桁架，车档应包括在报价内。钢制动梁是指吊车梁旁边承受起重机横向水平荷载的梁。

7）金属构件的切边，不规则及多边形钢板发生的损耗应在综合单价中予以考虑。

第9章 压型钢板楼板

9.1 工程量计算依据

压型钢板楼板工程量计算依据一览表见表 9-1。

表 9-1 压型钢板楼板工程量计算依据一览表

项目名称	清单规则	定额规则
压型钢板楼板	按设计图示尺寸以铺设水平投影面积计算。不扣除单个面积≤0.3m² 柱、垛及孔洞所占面积	按设计图示尺寸乘以理论质量计算。不扣除单个面积≤0.3m² 的孔洞质量、焊缝、铆钉、螺栓等不另增加质量

9.2 工程案例实战分析

9.2.1 问题导入

相关问题:

1) 压型钢板的分类依据是什么? 连接方式是什么?

2) 压型钢板楼板工程量如何计算? 其清单工程量与定额工程量的区别有哪些?

9.2.2 案例导入与算量解析

1. 名词解释

压型钢板是以冷轧薄钢板 (厚度一般为 0.6~1.2mm) 为基板,经镀锌或镀锌后覆彩色涂层面,再经冷加工辊压成型的波形板材,具有良好的承载性能与抗大气腐蚀能力。压型钢板实物图如图 9-1 所示,结构示意图如图 9-2 所示。压型钢板可用作建筑屋面及墙面围护材料,具有超轻、美观、施工快捷等特点。

1) 压型钢板根据其波型截面分类。

① 高波板。波高大于 75mm,适用于屋面。

② 中波板。波高为 50~75mm,适用于楼盖板及中小型跨度屋面。

③ 低波板。波高小于 50mm,适用于墙面。

选用压型钢板时,应按荷载与使用条件尽量选用已有的定型产品。

2) 压型钢板按表面处理情况分类。

视频 9-1:
压型钢板

视频 9-2:
压型钢板
的分类

① 镀锌压型钢板。其基板为热镀锌板，镀锌层重应不小于 $275g/m^2$（双面），产品应符合国家标准《连续热镀锌钢板及钢带》（GB/T 2518—2008）的要求。

② 涂层压型钢板。为在热镀锌基板上增加彩色涂层的薄板压型而成，彩涂板性能及其产品应符合《彩色涂层钢板及钢带》（GB/T 12754—2019）的要求。

③ 锌铝复合涂层压型钢板。为新一代无紧固件的扣压式型钢板，其使用寿命更长，但要求基板为专用的强度级别更高的锌铝复合涂层板。

图 9-1 压型钢板实物图

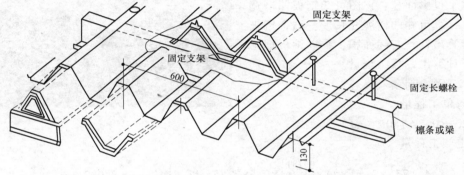

图 9-2 压型钢板结构示意图

3）压型钢板可作为建筑物的围护板材及屋盖与楼盖的承重板材。其中，镀锌压型钢板宜用于无侵蚀和弱侵蚀环境，彩色涂层压型钢板可用于无侵蚀、弱侵蚀和中等侵蚀环境，同时可根据侵蚀条件选用相应的涂层系列。当有保温或隔热要求时，可采用压型钢板内设矿棉等轻质保温层的做法形成保温（隔热）层（墙）面。

4）压型钢板的屋面坡度可在 1/20～1/6，当屋面排水面积较大或地处大雨量区及板型为中波板时，坡度宜选用 1/12～1/10；当选用长尺高波板时，可采用 1/20～1/15 的屋面坡度；当为扣压式咬合式压型板（无穿透板面紧固件）时，可选用 1/20 的屋面坡度；对暴雨或大雨量地区的压型板屋面还应进行排水验算。

5）一般永久性大型建筑选用的屋面承重压型钢板厚度不宜小于 0.8mm，墙面板厚度不宜小于 0.5mm。其长度应按轧制（工厂或现场）及运输、吊装等条件确定。条件允许时，宜尽量采用长尺板。压型板的宽度是基板成型后的实际覆盖宽度，覆盖宽度与基板宽度（一般为 1000mm）之比为覆盖系数，应用时在满足承载力及刚度的条件下宜尽量选用覆盖系数大的板型。

音频 9-1：压型钢板安装

压型钢板的使用寿命一般为 15～20 年，当采用无紧固件或咬合接缝构造压型板时，其使用期可达 30 年以上。

6）压型钢板基板材料一般应选用符合国家标准《优质碳素结构钢》（GB/699—2015）的 Q235BZ 钢，当为由挠度控制截面时，也可选用强度稍低的 Q215BZ 级钢。

2. 案例导入与算量解析

【例 9-1】 某压型钢板楼板厚 1.0mm，长 2.1m，宽 0.5m，截面尺寸如图 9-3 所示，钢板实物图如图 9-4 所示，试求其制作工程量。

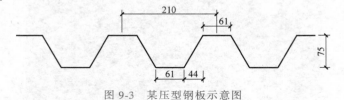

图 9-3 某压型钢板示意图

【解】

（1）识图内容

通过题干可知钢板长度、宽度，可计算出钢板水平投影面积；识图可知钢板凹槽宽度，通过计算可知凹槽展开长度，结合钢板宽度可计算出钢板实际面积，乘以钢板理论质量，可计算出钢板工程量。

（2）工程量计算

① 清单工程量

$S = 2.1 \times 0.5 = 1.05$（m²）

② 定额工程量

图 9-4 某压型钢板实物图

$$M = \left[\left(\sqrt{44^2+75^2} \times 2 + 61 \times 2\right) \times \frac{2100}{210}\right] \times 0.5 \times 7.85 = 11.614\,(kg) = 0.012\,(t)$$

【小贴士】 式中：2.1 为钢板长度；$\sqrt{44^2+75^2} \times 2 + 61 \times 2$ 为单组凹槽长度；$\frac{2100}{210}$ 为钢板凹槽数；0.5 为钢板宽度；7.85 为钢板理论质量。

【例 9-2】 某压型钢板楼板如图 9-5 和图 9-6 所示，压型钢板每组凹槽展开长度为 0.35m，钢板厚 1mm，试求该钢板楼板工程量。

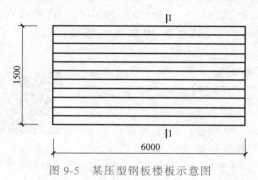

图 9-5 某压型钢板楼板示意图

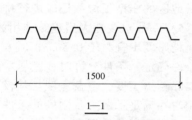

1—1

图 9-6 某压型钢板楼板剖面图

音频 9-2：
钢板运输和堆放

【解】

（1）识图内容

通过识图可知钢板楼板长度 6m，宽度 1.5m，可计算出水平投影面积。根据题干可知每组凹槽展开长度，结合图形凹槽数量以及钢板宽度，再结合钢板理论质量可计算得出钢板质量。

（2）工程量计算

① 清单工程量

$S = 1.5 \times 6 = 9(\text{m}^2)$

② 定额工程量

$M = 0.35 \times 7 \times 6 \times 7.85 = 115.395(\text{kg}) = 0.1154(\text{t})$

【小贴士】　式中：1.5 为钢板长度；0.35 为单组凹槽长度；7 为钢板凹槽数；6 为钢板宽度；7.85 为钢板理论质量。

【例 9-3】　某压型钢板楼板部分示意图如图 9-7 所示，钢板总长 11m，宽度 1m，钢板凹槽展开长度为 0.25m，钢板厚 2mm，试求该钢板工程量。

【解】

（1）识图内容

通过识图可知钢板楼板长度 11m，宽度 1m，可计算出水平投影面积。根据题干可知每组凹槽展开长度，结合钢板长度算出凹槽数量，通过钢板宽度可计算出钢板面积，再结合钢板理论质量可计算得出钢板质量。

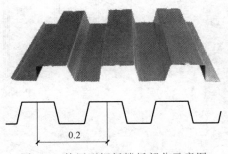

图 9-7　某压型钢板楼板部分示意图

（2）工程量计算

① 清单工程量

$S = 11 \times 1 = 11(\text{m}^2)$

② 定额工程量

$M = 0.25 \times \dfrac{11}{0.2} \times 1 \times 15.7 = 215.875(\text{kg}) = 0.216(\text{t})$

【小贴士】　式中：11 为钢板长度；0.25 为凹槽展开长度；$\dfrac{11}{0.2}$ 为凹槽数量；15.7 为 2mm 厚钢板理论质量。

【例 9-4】　某钢结构厂房如图 9-8 所示，厂房长 12m，宽 6m，斜屋面示意图如图 9-9 所示，钢板厚 1mm，压型钢板一组凹槽宽 0.3m，展开长度 0.6m，试求该钢板工程量。

【解】

（1）识图内容

通过题干可知厂房长度和宽度，可计算出铺设水平投影面积，通过识图可计算出斜屋面钢板宽度，结合厂房长度，可知钢板实际面积，再结合理论质量可计算出钢板质量。

（2）工程量计算

① 清单工程量

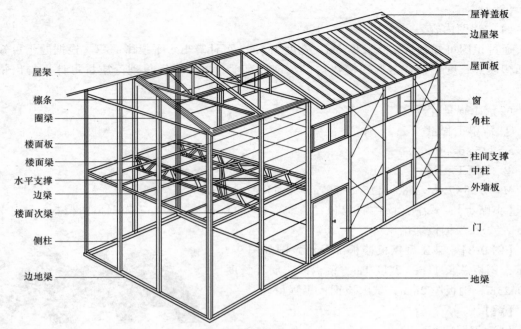

图 9-8　某压型钢板厂房示意图

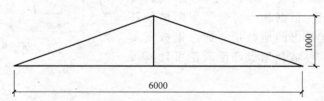

图 9-9　某压型钢板厂房斜屋面示意图

$$S = 12 \times 6 = 72\,(\mathrm{m}^2)$$

② 定额工程量

$$M = \frac{(\sqrt{3^2+1^2} \times 2)}{0.3} \times 0.6 \times 12 \times 7.85 = 1191.442\,(\mathrm{kg}) = 1.191\,(\mathrm{t})$$

【小贴士】　式中：12 为厂房长度；6 为厂房宽度；$\dfrac{(\sqrt{3^2+1^2} \times 2)}{0.3}$ 为凹槽数量；0.6 为凹槽展开长度；7.85 为 1mm 厚钢板理论质量。

9.3　关系识图与疑难分析

9.3.1　关系识图

计算压型钢板斜屋面钢板长度时，可根据屋面坡度系数或者如图 9-10 所示，根据 a、b

计算出钢板实际长度。

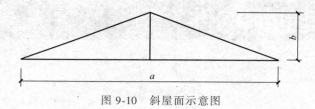

图 9-10 斜屋面示意图

9.3.2 疑难分析

压型钢板计算定额工程量时，需要算出钢板凹槽展开长度如图 9-11 所示，展开长度为 $b+c+2\sqrt{d^2+e^2}$。

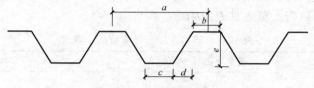

图 9-11 压型钢板示意图

第10章 其他钢构件

10.1 工程量计算依据

新的清单范围钢构件工程划分的子目包含钢构件1节，共17个项目。

钢构件工程计算依据一览表见表10-1。

表 10-1 钢构件工程计算依据一览表

项目名称	清单规则	定额规则
钢支撑、钢拉条	按设计图示尺寸以质量计算。不扣除孔眼的质量，焊条、铆钉、螺栓等不另增加质量	—
钢檩条		
钢天窗架		
钢挡风架		
钢墙架		1. 楼面板按设计图示尺寸以铺设面积计算，不扣除单个面积≤0.3m²的柱、垛及孔洞所占面积 2. 墙面板按设计图示尺寸以铺挂面积计算，不扣除单个面积≤0.3m²的梁、孔洞所占面积
钢平台		钢平台的工程量包括钢平台的柱、梁、板、斜撑等的质量，依附于钢平台上的钢扶梯及平台栏杆，应按相应构件另列项计算
钢走道		
钢梯		钢楼梯的工程量包括楼梯平台、楼梯梁、楼梯踏步等的质量，钢楼梯上的扶手、栏杆另列项计算
钢护栏		钢栏杆包括扶手的质量，合并套用钢栏杆项目
钢漏斗	按设计图示尺寸以质量计算，不扣除孔眼的质量，焊条、铆钉、螺栓等不另增加质量，依附漏斗或天沟的型钢并入漏斗或天沟工程量内	—
钢板天沟		钢板天沟按设计图示尺寸以质量计算，依附天沟的型钢并入天沟的质量内计算。不锈钢天沟、彩钢板天沟按设计图示尺寸以长度计算
钢支架	按设计图示尺寸以质量计算，不扣除孔眼的质量，焊条、铆钉、螺栓等不另增加质量	
零星钢构件		
高强螺栓	按设计图示尺寸以数量计算	金属构件安装使用的高强螺栓、花篮螺栓和剪力栓钉按设计图数量以"套"为单位计算
剪力栓钉		
支座链接		
钢构件制作	按设计图示尺寸以质量计算。不扣除孔眼的质量，焊条、铆钉、螺栓等不另增加质量	

10.2　工程案例实战分析

10.2.1　问题导入

相关问题：

1）简述什么是钢支撑。基坑中钢支撑防脱落的措施有哪些？

2）其他什么是钢构件工程包括哪几类？其工程量怎么计算？

3）概述什么是钢天窗架、钢挡风架和钢墙架工程。

4）钢平台与钢走道有何区别？

视频 10-1：
钢支撑

10.2.2　案例导入与算量解析

1. 钢支撑

（1）名词概念

钢支撑是指运用钢管、H 型钢和角钢等增强工程结构的稳定性的支撑构件，一般情况为倾斜的连接构件，最常见的是人字形和交叉形。钢支撑在地铁、基坑围护方面被广泛应用。钢支撑可回收再利用，具有经济性和环保性等特征，如图 10-1 所示。

钢支撑主要规格有 A400、A580、A600、A609、A630 和 A800 等，同建造地铁用的 16mm 壁厚的支撑钢管、钢拱架、钢格栅一样，均是作为支护使用，用于支挡涵洞或隧道的土壁，防止基坑倒塌，钢支撑在地铁施工中运用广泛。

地铁施工中用到的钢支撑组件包括固定端、活络接头端。

（2）案例导入与算量解析

【例 10-1】　两根柱子之间用水平钢支撑连接，钢支撑为 L 50×6 的角钢，连接板为 100mm×200mm 的 6mm 厚钢板，如图 10-2 所示。试计算钢支撑工程量。

图 10-1　钢支撑

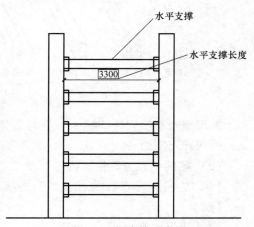

图 10-2　钢支撑示意图

【解】

(1) 识图内容

通过图示内容可知水平支撑长度为 3.3m，共 5 根。

(2) 工程量计算

① 清单工程量

∟50×6 角钢的理论质量为 4.465kg/m，6mm 厚钢板的理论质量为 47.1kg/m²，则

水平支撑工程量 = 3.3×5×4.465 = 73.67(kg) = 0.074(t)

连接板工程量 = 0.1×0.2×5×2×47.1 = 9.42(kg) = 0.009(t)

钢支撑工程量 = 0.074+0.009 = 0.083(t)

② 定额工程量

定额工程量同清单工程量。

【小贴士】 式中：3.3×5 为水平钢支撑的总长度；0.1×0.2×5×2 为连接板的总面积。

2. 钢檩条

(1) 名词概念

檩条是架在屋架或山墙上用来支持椽子或屋面板的长条形构件。屋盖中檩条的数量较多，其用钢量常达屋盖总用钢量 1/2 以上。檩条所用材料可为木材、钢材及钢筋混凝土，其选用一般与屋架所用材料相同，从而使两者的耐久性接近。檩条的断面形式如图 10-3 所示，木檩条有矩形和圆形（即原木）两种；钢筋混凝土檩条有矩形、L 形、T 形等；钢檩条有型钢或轻型钢檩条。

视频 10-2：钢檩条　　音频 10-1：钢檩条

檩条的断面大小由结构计算确定。檩条的跨度为当采用木檩条时一般在 4m 以内，钢筋混凝土檩条可达 6m。檩条的间距根据屋面防水材料及基层构造处理而定，一般在 700~1500mm。

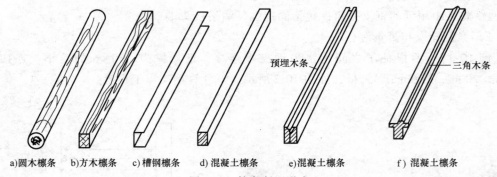

a)圆木檩条　b)方木檩条　c)槽钢檩条　d)混凝土檩条　e)混凝土檩条　f) 混凝土檩条

图 10-3　檩条断面形式

常用檩条有实腹杆式檩条、空间桁架式檩条和"二合一"檩条三种，前一种属于钢檩条，后两种属于组合式檩条。

(2) 案例导入与算量解析

【例 10-2】 计算如图 10-4 所示的组合钢檩条的工程量。

【解】

(1) 识图内容

通过图示内容可知∟50×32 钢檩条，共 2 根，长 4.5m。另外，∟50×32×4 角钢理论质量

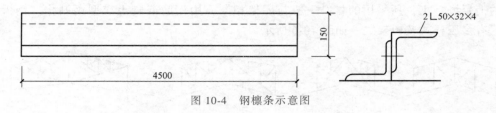

图 10-4 钢檩条示意图

为 2.494kg/m。

（2）工程量计算

① 清单工程量

4.5×2.494×2 = 22.45（kg）= 0.022（t）

② 定额工程量

定额工程量同清单工程量。

【小贴士】 式中：4.5 为钢檩条的长度；2.494 为∟50×32×4 的角钢理论质量；2 为钢檩条的根数。

【例 10-3】 某钢檩条如图 10-5 所示，试计算其工程量。

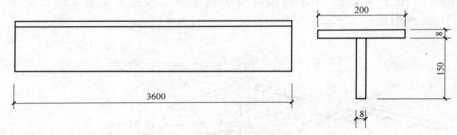

图 10-5 某钢檩条示意图

【解】

（1）识图内容

通过图示内容可知钢檩条长度为 3.6m，8mm 厚钢板理论质量为 62.8kg/m^2。

（2）工程量计算

① 清单工程量

翼缘板的工程量 = 62.8×0.2×3.6 = 45.22（kg）= 0.045（t）

腹板的工程量 = 62.8×0.15×3.6 = 33.91（kg）= 0.033（t）

钢檩条的工程量 = 0.045+0.033 = 0.078（t）

② 定额工程量

定额工程量同清单工程量。

【小贴士】 式中：3.6 为钢檩条的长度；62.8 为 8mm 厚钢板的理论质量；0.2 为翼缘板的长度；0.15 为腹板的长度。

3. 钢天窗架

（1）名词概念

天窗结构通常由天窗架、檩条（或大型屋面板）、侧窗横档和天窗架支撑系统组成。天窗架是矩形天窗的承重构件，支承在屋架上弦的节点（或屋

视频 10-3：
钢天窗架

面梁的上翼缘）上。所采用的材料一般与屋架相同，用钢筋混凝土或型钢制作。钢天窗架的形式有多压杆式及桁架式，如图 10-6 所示。

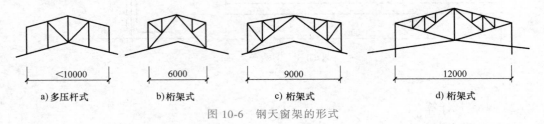

图 10-6　钢天窗架的形式

多压杆式天窗架利于其竖杆支承于屋架上弦节点上，与屋架的连接节点较多，如图 10-6a 所示。

三铰式天窗架由两个小三角形桁架组成，只有两点与屋架铰接，如图 10-6b、c 所示。

三支点式天窗架为一个倒三角形桁架，其顶端向下支承于屋脊节点，两侧各设一根立柱与屋架上弦连接，即天窗支撑在屋架的三个节点上，如图 10-6d 所示。

（2）案例导入与算量解析

【例 10-4】　试计算如图 10-7 所示某钢天窗架的工程量，其中塞板尺寸为 110mm× 110mm 的 6mm 厚钢板。

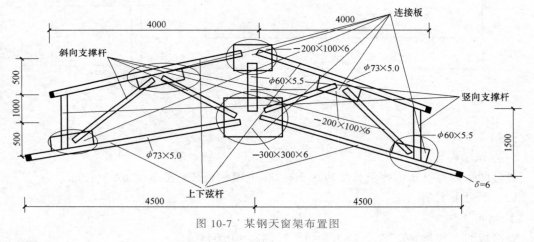

图 10-7　某钢天窗架布置图

【解】

（1）识图内容

通过图示内容可知上弦杆的长度为 $\sqrt{4^2+0.5^2}$，下弦杆的长度为 $\sqrt{4.5^2+0.5^2}$，上、下弦杆各 2 根；斜向支撑杆的长度为 $\sqrt{1.5^2+2^2}$，共有 4 根；竖向支撑杆的长度为 1.5m，共有 3 根；－200×100×6 的连接板有 5 个，－300×300×6 的连接板有 1 个。

（2）工程量计算

① 清单工程量

上、下弦杆工程量：$\phi73×5.0$ 的理论质量为 8.38kg/m。

上弦杆：$8.38×\sqrt{4^2+0.5^2}×2=67.54(kg)=0.068(t)$

下弦杆：$8.38 \times \sqrt{4.5^2 + 0.5^2} \times 2 = 75.92 \, (\text{kg}) = 0.076 \, (\text{t})$

上、下弦杆工程量 $= 0.068 + 0.076 = 0.144$（t）

斜向支撑杆的工程量：$\phi 60 \times 5.5$ 的理论质量为 7.39kg/m。

$7.39 \times \sqrt{1.5^2 + 2^2} \times 4 = 73.9 \, (\text{kg}) = 0.074 \, (\text{t})$

竖向支撑杆的工程量：

$7.39 \times 1.5 \times 3 = 33.26 \, (\text{kg}) = 0.033 \, (\text{t})$

塞板的工程量：6mm 厚钢板的理论质量为 47.1kg/m^2。

$47.1 \times \left(\dfrac{\pi}{4} \times 0.07^2 \times 2 \right) \times 2 = 0.725 \, (\text{kg})$

连接板的工程量：

$47.1 \times (0.2 \times 0.1 \times 5 + 0.3 \times 0.3) = 8.949 \, (\text{kg})$

总的工程量

$0.144 + 0.074 + 0.033 + (0.725 + 8.949) \times 10^{-3} = 0.261 \, (\text{t})$

② 定额工程量

定额工程量同清单工程量。

【小贴士】　式中：8.38 为 $\phi 73 \times 5.0$ 的理论质量，$\sqrt{4^2 + 0.5^2}$ 和 $\sqrt{4.5^2 + 0.5^2}$ 为上、下弦杆的长度，2 为上、下弦杆的根数；7.39 为 $\phi 60 \times 5.5$ 的理论质量，$\sqrt{1.5^2 + 2^2}$ 为斜向支撑杆的长度，4 为斜向支撑杆的根数；1.5 为竖向支撑杆的长度，3 为竖向支撑杆的根数；47.1 为 6mm 厚钢板的理论质量；（$0.2 \times 0.1 \times 5 + 0.3 \times 0.3$）为连接板的工程量。

4. 钢挡风架

（1）名词概念

工业厂房的天窗主要是为采光和散热而设立的，为了阻止天窗侧面的冷风直接进入天窗，以保证车间热气很快散出，需要在天窗前面设立挡风板，安装在与天窗柱连接的支架上，该支架就叫挡风架。

视频 10-4：
钢挡风架

挡风板：其主要作用是挡风，安装在挡风架上，是一种不防寒、不保温的板形材料，常见的有石棉板、木板、混凝土板、镀锌钢板及其他轻质材料等。

（2）案例导入与算量解析

【例 10-5】　如图 10-8 所示某钢挡风架，上、下弦杆均采用两个 ∟ 110×8.0 的角钢，竖直支撑杆与斜向支撑杆均为 ⊏ 16a 的槽钢，4 个塞板尺寸为 110mm×110mm 的 6mm 厚钢板，试计算该钢挡风架的工程量。

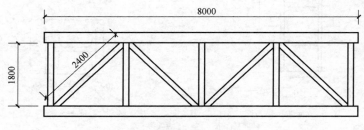

图 10-8　某钢挡风架示意图

【解】

（1）识图内容

通过图示内容可知上、下弦杆的长度为 8.0m，长度为 1.8m 的支撑杆共有 5 个，长度为 2.4m 的支撑杆共有 4 个。

（2）工程量计算

① 清单工程量

∟110×8.0 角钢的理论质量为 13.532kg/m，⊏16a 槽钢的理论质量为 17.23kg/m，6mm 厚钢板的理论质量为 47.1kg/m^2，则

上、下弦杆工程量 = 8.0×2×2×13.532 = 433.02（kg）= 0.433（t）

支撑杆工程量 = （1.8×5+2.4×4）×17.23 = 320.48（kg）= 0.320（t）

塞板的工程量 = 0.11×0.11×47.1×4 = 2.23（kg）= 0.002（t）

钢挡风架工程量 = 0.433+0.320+0.002 = 0.755（t）

② 定额工程量

定额工程量同清单工程量。

【小贴士】 式中：上、下弦杆分别由两个角钢组成，即 8.0×2×2 为上、下弦杆角钢的总长度。

5. 钢墙架

（1）名词概念

钢墙架是现代建筑工程中的一种金属结构建材，一般多由型钢制作而作为墙的骨架，主要包括墙架柱、墙架梁和连接杆件等部件。

音频 10-2：
钢墙架

钢墙架的基本构件主要有抗风桁架、抗风柱和墙面檩条，这三种构件都可以采用实腹式构件（H 型钢、冷弯 C 形、Z 形钢）或格构式构件（角钢桁架、槽钢桁架和其他形式桁架）以区别于其他墙体。

（2）案例导入与算量解析

【例 10-6】 如图 10-9 所示某钢墙架，试计算其工程量。

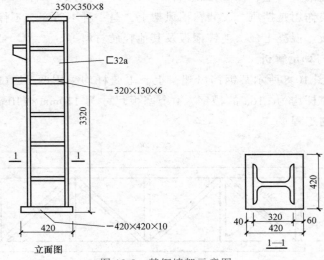

图 10-9　某钢墙架示意图

【解】

（1）识图内容

通过图示内容可知钢墙架的长度为 3320mm，上顶板尺寸为 350mm×350mm×8mm，加强板尺寸为 320mm×130mm×6mm，下底板尺寸为 420mm×420mm×10mm，上、下板的具体尺寸详图如图 10-9 所示 1—1 剖面图。

（2）工程量计算

① 清单工程量

墙身的工程量：

⌶32a 的理论质量为 52.717kg/m，则

$52.717×(3.32-0.008-0.01)=174.07(kg)=0.174(t)$

上顶板的工程量：

8mm 厚钢板的理论质量为 62.8kg/m²，则

$62.8×0.35×0.35=7.69(kg)=0.008(t)$

加强板的工程量：

6mm 厚钢板的理论质量为 47.1kg/m²，则

$47.1×0.32×0.13×5=9.7968(kg)=0.01(t)$

下底板的工程量：

10mm 厚钢板的理论质量为 78.5kg/m²，则

$78.5×0.42×0.42=13.85(kg)=0.014(t)$

总工程量：

$0.174+0.008+0.01+0.014=0.206(t)$

② 定额工程量

定额工程量同清单工程量。

【小贴士】　式中：52.717 为⌶32a 的理论质量，（3.32-0.008-0.01）为墙身的长度；62.8 为 8mm 厚钢板的理论质量，0.35×0.35 为上顶板的面积；47.1 为 6mm 厚钢板的理论质量，0.32×0.13 为加强板的面积；78.5 为 10mm 厚钢板的理论质量，0.42×0.42 为下底板的面积。

6. 钢走道

（1）名词概念

走道是指在生活或生产过程中，为过往方便而设置的过道，有的能移动或升降。钢走道是指用钢材制作的走道，有固定式、移动式或升降式三种。

视频 10-5：
钢走道

（2）案例导入与算量解析

【例 10-7】　如图 10-10 所示为某钢走道，钢板厚度为 8mm，试计算其工程量。

【解】

（1）识图内容

通过图示内容可知钢走道的长度为 8.7m，宽度为 1.5m，钢板的厚度为 8mm。

（2）工程量计算

① 清单工程量

8mm 厚钢板理论质量为 62.8kg/m²，则

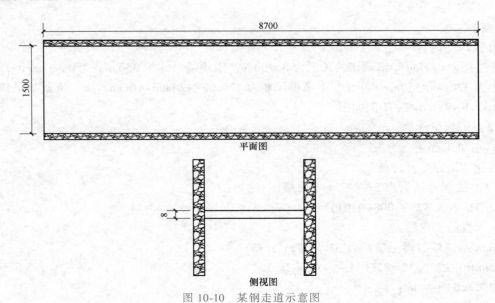

图 10-10 某钢走道示意图

钢走道工程量 = $1.5 \times 8.7 \times 62.8 = 819.54 (\text{kg}) = 0.820 (\text{t})$

② 定额工程量

定额工程量同清单工程量。

【小贴士】 式中：62.8 为 8mm 厚钢板的理论质量；1.5×8.7 为钢走道的面积。

视频 10-6：
钢梯

7. 钢梯

（1）名词概念

钢梯是指以钢材为材料制成的梯子。钢梯有踏步式、爬式和螺旋式三种形式，按照使用情况来看，只有踏步式才能称为钢扶梯，因为它具有一般楼梯似的平板踏步（踏步可用钢板或并排圆钢焊成）。而后两种形式都属于爬梯。爬梯的踏步多由独根圆钢或角钢做成，两边有简易扶手。螺旋式踏步又称 U 形踏步，是指用圆钢弯成 U 形，直接埋入墙内或焊接到设备上，没有扶手。

音频 10-3：
钢梯

（2）案例导入与算量解析

【例 10-8】 如图 10-11 所示某踏步式钢梯，共有 13 个踏步，试计算该钢梯工程量。

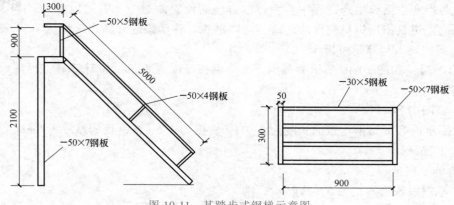

图 10-11 某踏步式钢梯示意图

【解】

（1）识图内容

通过题干以及图示内容可知－50×7 钢板的长度为（2.1+5）m；－50×5 踏步钢板的长度为 0.9m；－50×4 钢板的长度为 5m，共有 2 侧；－30×5 踏步钢板的长度为 0.9m，共有 13 个踏步。

（2）工程量计算

① 清单工程量

－50×7 钢板工程量：

－50×7 钢板理论质量 55kg/m²，则

（2.1+5）×0.05×55×2＝39.05（kg）＝0.039（t）

－50×5 钢板工程量：

－50×5 钢板理论质量 1.96kg/m，则

（0.9+0.3）×2×1.96＝4.704（kg）＝0.005（t）

－50×4 钢板工程量：

－50×4 钢板理论质量 1.57kg/m，则

5×2×1.57＝15.7（kg）＝0.016（t）

－30×5 钢板工程量：

－30×5 钢板理论质量 1.18kg/m，则

0.9×13×1.18＝13.81（kg）＝0.014（t）

钢梯工程量＝0.039+0.005+0.016+0.014

＝0.074（t）

② 定额工程量

定额工程量同清单工程量。

【小贴士】 式中：55 为－50×7 钢板理论质量，（2.1+5）×0.05×2 为－50×7 钢板的总面积；1.96 为－50×5 钢板理论质量，（0.9+0.3）×2 为－50×5 钢板的总面积；1.57 为－50×4 钢板理论质量，5×2 为－50×4 钢板的总面积；1.18 为－30×5 钢板理论质量，0.9×13 为－30×5 钢板的总面积。

8. 钢护栏

（1）名词概念

钢护栏主要用于工厂、车间、仓库、停车场、商业区和公共场所等场合中对设备与设施的保护与防护。

视频 10-7：
钢护栏

（2）案例导入与算量解析

【例 10-9】 试计算如图 10-12 所示某钢护栏制作工程量。

【解】

（1）识图内容

通过图示内容可知钢管 φ26.75×2.75 的长度为（0.1+0.4+0.3）m，共有 3 根；钢管 φ33.5×3.25 的长度为（1×2）m；钢板－25×4、钢板－50×3 的长度均为 2mm。

（2）工程量计算

① 清单工程量

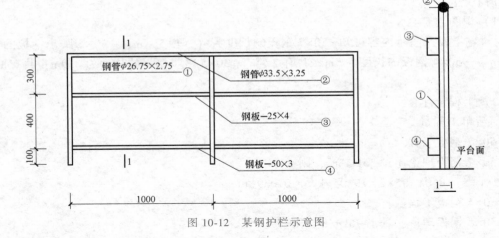

图 10-12　某钢护栏示意图

钢管 ϕ26.75×2.75：（0.1+0.4+0.3）×3×1.63＝3.91（kg）

钢管 ϕ33.5×3.25：1×2×2.42＝4.84（kg）

钢板－25×4：1×2×0.025×0.004×7850＝1.57（kg）

钢板－50×3：1×2×0.050×0.003×7850＝2.36（kg）

工程量合计：3.91+4.84+1.57+2.36＝12.68（kg）≈0.013（t）

② 定额工程量

定额工程量同清单工程量。

【小贴士】　式中：（0.1+0.4+0.3）×3 为钢管 ϕ26.75×2.75 的长度；1×2 为钢管 ϕ33.5×3.25 的长度；1×2×0.025×0.004 为钢板－25×4 的面积；1×2×0.050×0.003 为钢板－50×3 的面积；1.63、2.42、7850 分别为各对应钢管的理论质量。

9. 钢漏斗、钢板天沟

（1）名词概念

漏斗是把液体或颗粒、粉末灌到小口的容器里用到的器具，一般由一个锥形的斗和一根管子构成。漏斗由型钢做骨架，钢板焊于骨架上，用以溜送粉末或颗粒物料。漏斗的形式很多，有料仓式漏斗、矩形漏斗和圆形漏斗等，如图 10-13 所示。钢漏斗是指以钢材为材料制作的漏斗。钢漏斗有方形和圆形之分。

视频 10-8：
钢漏斗

料仓式漏斗　　　　矩形漏斗　　　　圆形漏斗

图 10-13　漏斗外形示意图

（2）案例导入与算量解析

【例 10-10】　如图 10-14 所示为某钢漏斗，已知钢板厚 2mm。试计算制作该钢漏斗的工程量。

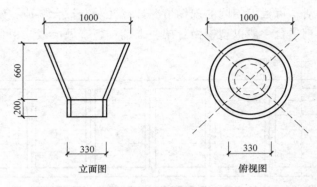

图 10-14　某钢漏斗

【解】

（1）识图内容

通过图示内容可知上板口直径为 1.0m，下板口直径为 0.33m。

（2）工程量计算

① 清单工程量

$$母线长 = \sqrt{\left(\frac{1}{2}-\frac{0.33}{2}\right)^2+0.66^2} = 0.740(m)$$

$$上板口外表面积 = 3.14×\left(\frac{1}{2}+\frac{0.33}{2}\right)×0.740 = 1.545(m^2)$$

下板口周长 = 0.33×3.14 = 1.036(m)

下板口面积 = 1.036×0.2 = 0.207(m²)

2mm 钢板理论质量为 15.7kg/m²，则

工程量 = (1.545+0.207)×15.7 = 27.506(kg) = 0.028(t)

② 定额工程量

定额工程量同清单工程量。

【小贴士】 式中：$\frac{1}{2}$、$\frac{0.33}{2}$ 分别为上板口的上、下表面圆的半径；15.7 为 2mm 钢板理论质量。

10.3　关系识图与疑难分析

10.3.1　关系识图

钢走道、钢平台和钢梯区分如下：

1）钢平台和钢走道是按照施工功能区分的。

2）钢平台是作为操作平台使用的，某钢平台布置图如图 10-15 所示。钢结构平台也称工作平台，结构形式多样，功能一应俱全，其结构最大的特点

视频 10-9：
钢平台

是全组装式，设计灵活，可根据不同的现场情况设计并制造符合场地、使用功能及满足物流要求的钢结构平台。钢平台一般以型钢做骨架，上铺钢板，做成板式平台。

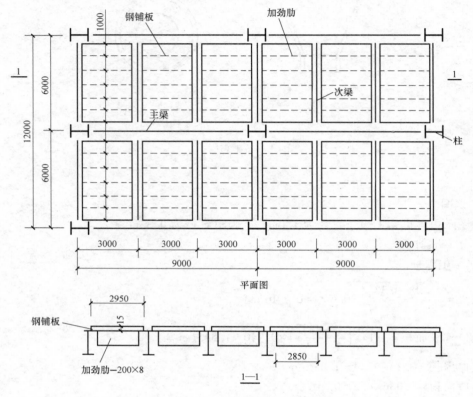

图 10-15 某钢平台布置图

3）钢走道只作为交通之用，如图 10-16 所示。

4）工业建筑中的钢梯有平台钢梯、起重机钢梯、消防钢梯和屋面检修钢梯等。其按构造形式不同，分为踏步式、爬式和螺旋式几种。钢梯的踏步多由独根圆钢或角钢做成，如图 10-17 所示。

图 10-16 钢走道

图 10-17 钢梯

10.3.2　疑难分析

1. 钢结构中拉条和檩条的连接

（1）厂房中拉条和檩条的连接方式

拉条一般用圆钢两头车丝，然后在檩条的背面钻孔使用螺母连接，这种连接方式常用于厂房中檩条之间的连接。

（2）屋面拉条和檩条的连接方式

正常情况下，屋面檩条与拉条是用普通螺栓连接的，即在屋面檩条上面预留空洞拉条穿过檩条，再用螺栓拧紧，如图 10-18 所示。

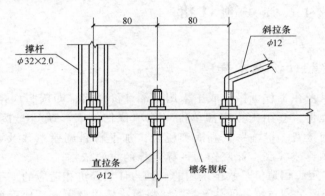

图 10-18　屋面拉条和檩条的连接方式

（3）扩展资料

钢结构建筑中的屋面檩条常采用冷弯薄壁型钢檩条，通常在檩条间需设置拉条以提高檩条的稳定承载力。相关规范对拉条的数量、截面及设置位置作出明确的规定，但对拉条与檩条之间连接的具体方法和构造未作出明确规定。

目前，实际工程中拉条与檩条间的连接方式可归纳为以下两大类：

1）拉条仅约束檩条的受压翼缘，采用这种连接方法要注意在设计时需要准确判断檩条的受压翼缘是上翼缘还是下翼缘，否则拉条的设置将无法发挥作用，檩条可能发生失稳破坏。

2）拉条同时约束檩条的上、下翼缘，采用这种连接方法不仅施工复杂，并且檩条的腹板较薄，拉条和檩条腹板连接处容易产生变形，从而影响拉条力的传递，并对檩条的稳定承载力产生不利影响。

2. 钢支架和零星钢构件

钢支架是指用型钢加工成的直线型构件，构件之间采用螺栓连接。

零星钢构件是指工程量不大但也构成工程实体的钢构件，例如地沟铸铁盖板、不锈钢爬梯等。

第 11 章　钢结构工程定额计价与工程量清单计价

11.1　钢结构工程定额计价

11.1.1　工程定额计价基本程序

在我国，长期以来在工程价格形成中采用定额计价模式，即按照预算定额规定的分部分项子目逐项计算工程量，套用预算定额单价（或单位估价表）确定直接工程费，再按照规定的取费标准确定间接费、措施费、利润和税金，加上材料调差系数及适当的不可预见费，经汇总后即为工程预算或标底，标底作为评标定标的主要依据。

以定额单价法确定工程造价是我国采用的一种与计划经济相适应的工程造价管理制度。定额计价实际上是国家通过颁布统一的估算指标、概算指标以及概算、预算和有关定额对建筑产品价格进行管理。国家以假定的建筑安装产品作为对象，制定统一的预算和概算定额，计算出每一单元子项的费用后，再综合形成整个工程的价格，工程计价的基本程序如图 11-1 所示。

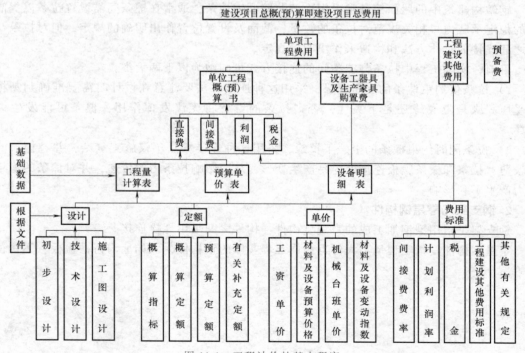

图 11-1　工程计价的基本程序

11.1.2　钢结构工程施工定额

1. 施工定额概述

施工定额是施工企业（建筑安装企业）为组织生产和加强管理在企业内部使用的一种定额，属于企业生产定额的性质。它是建筑安装工人在合理的劳动组织或工人小组在正常施工条件下，为完成单位合格产品，所需劳动、机械、材料消耗的数量标准。它由劳动定额、机械定额和材料定额三个相对独立的部分组成。施工定额是施工企业内部经济核算的依据，也是编制预算定额的基础。

它是施工企业在达到或超过历史最高水平的前提下，用科学态度和与实际情况相结合的方法，按照正常的施工条件、一定的计量单位和工程质量的要求制定的。

（1）施工定额的编制原则

1）定额水平的平均先进性原则。

2）定额划分的适用性原则。

3）独立自主编制的原则。

（2）施工定额的编制内容

1）编制方案。

2）总说明。

3）工程量计算规则。

4）定额划项。

5）定额水平的制定（人工、材料、机械台班消耗水平和管理成本费的测算和制定），定额水平的测算（典型工程测算及与全国基础定额的对比测算）。

6）定额编制基础资料的整理、归类和编写。

施工定额的编制依据主要有国家有关法律、法规，政府的价格政策，现行的建筑安装工程施工及验收规范，安全技术操作规程和现行劳动保护法律、法规，国家设计规范，各种类型具有代表性的标准图集，施工图，企业技术与管理水平，工程施工组织方案，现场实际调查和测定的有关数据，工程具体结构和难易程度状况，以及采用新工艺、新技术、新材料和新方法的情况等。

音频 11-1：
施工定额
编制的原则

音频 11-2：
施工定额
编制的内容

2. 劳动定额

劳动消耗定额简称劳动定额或人工定额，它是规定在一定生产技术组织条件下完成单位合格产品所必需的劳动消耗量的标准。这个标准是国家和企业对工人在单位时间内完成的产品数量、质量的综合要求。它表示建筑安装工人劳动生产率的先进合理指标。

3. 机械台班使用定额

机械台班使用定额是在一定的生产技术和生产组织条件及合理使用机械的条件下，完成单位合格产品所必需消耗的机械台班数量的标准，它由机械的有效工作时间、不可避免的无效工作时间和工艺中断时间三部分组成。机械台班使用定额的表现形式有机械时间定额与机械台班产量定额，即

$$机械时间定额 = 1/机械台班产量定额 \tag{11-1}$$

4. 材料消耗定额

材料消耗定额，简称材料定额，是指完成一定合格产品所需消耗材料的数量标准。材

料,是指工程建设中使用的原材料、成品、半成品、构配件、燃料以及水、电等动力资源的统称。其对建设工程的项目投资、建筑产品的成本控制都起着决定性的影响。

11.1.3 钢结构工程预算定额

1. 预算定额的概念

预算定额是指在正常施工条件下,确定完成一定计量单位分项工程或构件所消耗的人工、材料和机械台班的数量标准。

预算定额除表示完成一定计量单位分项工程或构件的人工、材料、机械台班消耗量标准外,还规定完成定额所包括的工程内容。预算定额是在施工定额的基础上,适当合并相关施工定额的工序内容,进行综合扩大编制而成的。但它与施工定额不同,施工定额只适用于施工企业内部作为经营管理的工具,而预算定额是用来确定建筑安装产品价格并作为对外结算的依据。但从编制程序看,施工定额是预算定额的编制基础,而预算定额则是概算定额或概算指标的编制基础。因此,预算定额在计价定额中也是基础性定额。

预算定额是工程建设中一项重要的技术经济文件,是由国家主管部门或其授权机关组织编制、审批并颁布执行的。在现阶段,预算定额是一种法令性指标,在执行过程中有很大的权威性。预算定额的各项指标,反映了建筑企业单位在完成施工任务中消耗劳动力、材料、机械台班的数量限度。国家和建设单位按预算定额的规定,为建筑工程提供必要的人力、物力和资金供应。作为一种计价定额,它主要用于确定建筑安装工程中每一单位分项工程的预算基价,并要求上述内容采用社会平均水平。

2. 预算定额的编制步骤

编制预算定额一般分为以下三个阶段进行。

(1)准备阶段

准备阶段的任务是成立编制机构,拟定编制方案,确定定额项目,全面收集各项依据资料。预算定额的编制不但工作量大,而且政策性强,组织工作复杂。在编制准备阶段应做好以下几项工作:

1)建筑业的深化改革对预算定额编制的要求。

2)确定预算定额的适用范围、用途和水平。

3)确定编制机构人员的组成,安排编制工作进度。

4)确定人工、材料和机械台班消耗量的计算资料。

5)确定定额的编制形式、项目内容、计量单位及小数位数。

(2)测试定额水平阶段

在这个阶段,根据确定的定额项目和基础资料,进行反复分析和测算,编制定额项目劳动力计算表、材料及机械台班计算表,制定工程量计算规则,并附注工作内容及有关计算规则说明,然后汇总编制出预算定额项目表,即预算定额初稿。编制预算定额初稿后,要将新编定额与现行定额进行测算比较,测算出新编定额的水平,并分析与现行定额相比提高或降低的原因,写出定额水平测算工作报告。

(3)审查定稿阶段

将新编定额初稿及有关编制说明和定额水平测算情况等资料,印发各地区、各有关部门或组织有关基本建设部门座谈讨论,征求意见。根据有关方面的意见,经过修改送审稿,连同编制说明和有关计算资料，呈报主管机关审批后，印刷成正式预算定额颁发执行。

3. 预算定额的编制方法

预算定额在项目上较为繁杂，它不像施工定额所反映的只是一个施工过程的人工、材料和施工机械的消耗定额。因此，确定定额项目时要求：①便于确定单位估价表；②便于编制施工图预算；③便于进行计划、统计和成本核算工作。此外，编制预算定额所取定的施工方法，必须选用正常、合理的施工方法，用以确定各专业的工程和施工机械，使编制的预算定额简明、实用。

确定计量单位，选择的计量单位应能确切地反映单位产品的工料消耗量，保证预算定额的准确性，有利于工程量计算和整个预算编制工作，保证预算的及时性。

由于各分部分项工程的形体不同，定额的计量单位应当根据上述原则，结合形体固有的规律性来确定。即凡物体的截面有一定的形状和大小，但有不同长度时，应当以长度"m"为计量单位；当物体有一定的厚度，而面积不固定时，应当以"m²"作为计量单位；如果物体的长、宽、高都变化不定时应当以"m³"为计量单位；有的分项工程虽然体积、面积相同，但质量和价格差异很大，或者是不规则而难以度量的实体（如金属结构、非标准设备制作等分项工程），应当以"质量"作为计量单位；凡物体无一定规格，而其构造又较复杂时，可采用自然单位，常以"个""台""套""件"等作为计量单位。

确定预算定额中人工、材料、施工机械消耗量内容如下：

（1）人工消耗量指标的确定

预算定额中，人工消耗量是指完成该分项工程所必需的全部工序用工量，包括基本用工和其他用工。

基本用工是指完成该分项工程的主要用工量，即包括在劳动定额时间内所有用工量总和，以及按劳动定额规定应增加的用工量。其计算公式如下

$$基本用工工日 = \Sigma(扩大工序工程量 \times 时间定额) \quad (11-2)$$

其他用工是指预算定额内其他用工，包括材料超运距运输用工、辅助工作用工和人工幅度差。

材料超运距用工是指预算定额取定的材料、半成品等运距，超过劳动定额规定的运距应增加的工日。其用工量依据超运距（预算定额取定的运距减去劳动定额取定的运距）和劳动定额计算。其计算公式如下

$$超运距用工 = \Sigma(超运距材料数量 \times 时间定额) \quad (11-3)$$

辅助工作用工是指劳动定额中未包括的各种辅助工序用工，如材料的零星加工用工，以及土建工程的筛砂、淋石灰膏、洗石子等增加的用工量。辅助工作用工量一般按加工的材料数量乘以时间定额计算。

人工幅度差是指预算定额对在劳动定额的用工范围内没有包括，而在一般正常情况下又不可避免的一些零星用工，常以百分率计算。一般在确定预算定额用工范围内取定。

计算公式如下

人工幅度差(一般为 10% ~ 15%) = (超运距用工+辅助用工+基本用工)×人工幅度差系数
$$(11-4)$$

（2）材料消耗量指标的确定

安装工程在施工过程中不但要安置设备，还要消耗材料，有的安装工程是由施工加工的

材料组装而成的。构成安装工程主体的材料，称为主要材料（主材），其次要材料称为辅助材料。材料消耗量的表达式如下

$$材料损耗量 = 材料净用量 + 材料损耗量 = 材料净用量 × (1 + 损耗率) \qquad (11-5)$$

式中　材料净用量——构成工程子目实体必须占有的材料量；

　　　材料损耗量——包括施工操作、场内运输、场内堆放等材料损耗。

（3）机械台班消耗量指标的确定

机械台班消耗量是按正常合理的机械配备和大多数施工企业的机械化装备程度综合取定的。机械台班消耗量的单位是台班。按现行规定，每台机械工作 8 小时为一个台班。预算定额中的机械台班消耗指标是按全国统一机械台班定额编制的，它表示在正常施工条件下，完成单位分项工程或构件按额定消耗的机械工作时间。其表达式如下

$$机械台班消耗量 = 实际消耗量 + 影响消耗量$$
$$= 实际消耗量 × (1 + 幅度差额系数) \qquad (11-6)$$

式中，实际消耗量是根据施工定额中机械产量定额的指标换算求出的；影响消耗量是考虑机械场内转移、质量检测、正常停歇等合理因素的影响所增加的台班耗量，一般采用机械幅度差额系数计算。对于不同的施工机械，幅度差额系数不相同，如土方机械为 25%，吊装机械为 30%，打桩机械为 33% 等。

11.1.4　钢结构工程概算定额

1. 概算定额的概念

概算定额是在预算定额基础上，确定完成合格的单位扩大分项工程或单位扩大结构构件所需消耗的人工、材料和机械台班的数量标准，所以概算定额又称为扩大结构定额。概算定额是预算定额的合并与扩大。它将预算定额中有联系的若干分项工程项目综合为一个概算定额项目。

概算定额与预算定额的相同之处在于，它们都是以建（构）筑物各个结构部分和分部分项工程为单位表示的，内容都包括人工、材料和机械台班使用量定额三个基本部分，并列有基准价。概算定额表达的主要内容、主要方式及基本使用方法都与预算定额相近。

概算定额与预算定额的不同之处在于项目划分和综合扩大程度上的差异，同时概算定额主要用于设计概算的编制。由于概算定额综合了若干分项工程的预算定额，因此使概算工程量计算和概算表的编制都比编制施工图预算要简化。

2. 概算定额的主要内容

按专业特点和地区特点编制的概算定额手册，其内容基本由文字说明、定额项目表和附录三个部分组成。

（1）文字说明

文字说明有总说明和分部工程说明两部分。在总说明中，主要阐述概算定额的编制依据、使用范围、包括的内容及作用、应遵守的规则及建筑面积计算规则等。分部工程说明主要阐述分部工程包括的综合工作内容及分部分项工程的工程量计算规则等。

（2）定额项目表

1）定额项目的划分。概算定额项目一般按以下两种方法划分：一是按工程结构划分，一般是按土石方、基础、墙、梁板柱、门窗、楼地面、屋面、装饰和构筑物等工程结构划

分。二是按工程部位（分部）划分，一般是按基础、墙体、梁柱、楼地面、屋盖和其他工程部位等划分，如基础工程中包括了砖、石和混凝土基础等项目。

2）定额项目表的概念。定额项目表是概算定额手册的主要内容，由若干分节定额组成。各分节定额由工程内容、定额表及附注说明组成。

3. 附录

附录主要涵盖了一些常用的数据表格，如常用钢筋、钢板以及角钢、槽钢等的理论质量表等。

4. 概算定额的编制原则和编制依据

（1）概算定额的编制原则

概算定额应贯彻社会平均水平和简明适用的原则。

（2）概算定额的编制依据

概算定额的编制依据有现行的设计规范和工程预算定额，具有代表性的标准设计图和其他设计资料。现行的人工工资标准、材料预算价格、机械台班预算价格及其他的价格资料。

5. 概算定额的编制步骤

概算定额的编制通常分为准备阶段、初审阶段和审查定稿阶段。

（1）准备阶段

准备阶段是指确定编制定额的机构和人员组成，进行调查研究，了解现行的概算定额执行情况和存在的问题，明确编制目的，并制定概算定额的编制方案和划分概算定额的项目。

（2）初审阶段

初审阶段即根据所制定的编制方案和定额项目，在收集资料和整理分析各种测算资料的基础上，选定有代表性的工程图计算出工程量，套用预算定额中的人工、材料和机械消耗量，再加权平均得出概算项目的人工、材料、机械的消耗指标，并计算出概算项目的基价。

（3）审查定稿阶段

审查定稿阶段是对概算定额和预算定额水平进行测算，以保证两者在水平上的一致性。如预算定额水平不一致或幅度差不合理，则需要对概算定额进行必要的修改，经定稿批准后，颁布执行。

6. 概算定额的编制方法

概算定额的编制原则、编制方法与预算定额基本相似，因为在可行性研究阶段及初步设计阶段，设计资料尚不如施工图设计阶段详细和准确，设计深度也有限，要求概算定额具有比预算定额更大的综合性，所包含的可变因素更多。所以，概算定额与预算定额之间允许有5%以内的幅度差。在钢结构工程中，从预算定额过渡到概算定额，通常采用的扩大系数为1.03。

11.1.5　钢结构工程企业定额

1. 企业定额的表现形式

企业定额是指建筑安装企业根据本企业的技术水平和管理水平编制完成单位合格产品所需要的人工、材料、施工机械台班的消耗量以及其他生产经营要素消耗的数量标准。

企业定额反映了企业的施工生产与生产消费间的数量关系，是施工企业生产力水平的体现。因为企业的技术和管理水平不同，所以每个企业均应拥有反映自身企业能力的企业定额，其构成及表现形式主要有以下几种：

1）企业劳动定额。

2）企业材料消耗定额。

3）企业机械台班使用定额。

4）企业施工定额。

5）企业定额估价表。

6）企业定额标准。

7）企业产品出厂价格。

8）企业机械台班租赁价格。

音频 11-3：
企业定额的
构成及表现形式

目前，大部分施工企业都是以国家或行业制定的预算定额作为进行施工管理、工料分析以及计算施工成本的依据。随着市场化改革的不断深入和发展，施工企业应以预算定额和基础定额作为参照，逐步建立起反映企业自身施工管理水平及技术装备程度的企业定额。

2. 企业定额的特点

企业定额是建筑安装企业内部管理的定额，它的影响范围涉及企业内部管理的方方面面，包括企业生产经营活动的计划、组织、协调、控制和指挥等。作为企业定额，必须具备有以下几方面特点：

1）其各项平均消耗要比社会平均水平低，体现其先进性。

2）可以表现本企业在某些方面的技术优势。

3）可以表现本企业局部或全面管理方面的优势。

4）所有匹配的单价都是动态的，具有市场性。

5）与施工方案能全面接轨。

音频 11-4：
企业定额的特点

3. 企业定额的编制原则

编制施工企业定额，应该坚持既要结合历年定额水平，也要考虑本企业实际情况，还要兼顾本企业今后的发展趋势，并按市场经济规律办事的原则。

（1）定额水平的平均先进性原则

企业定额水平反映的是单个施工企业在一定的施工程序和工艺条件下施工生产过程中活劳动和物化劳动的实际水平。即在正常的施工条件下，某一施工企业的大多数施工班组和生产者经过努力能够达到和超过的水平。这种水平既要在技术上先进，又要在经济上合理可行，是一种可以鼓励中间、鞭策落后的定额水平，是编制企业定额的理想水平。

（2）定额划项的适用性原则

企业定额作为参与市场经济竞争和承发包计价的依据，在编制总思路上，应依据国家标准《建筑工程工程量清单计价规范》（GB 50500—2013）的项目编号、项目名称和计量单位等，与其保持一致，这样既有利于报价组价的需要，又有利于企业尽快建立自己的定额标准，更有利于企业个别成本与社会平均成本的比较分析。

（3）独立自主编制的原则

施工企业作为具有独立法人地位的经济实体，应根据企业的具体情况，结合政府的价格政策和产业导向，以盈利为目标，自主地编制企业定额。

4. 企业定额的编制方法

企业定额的编制方法可以根据子目特殊性、所占工程造价的比例和技术含量等因素选择不同的方法，主要的编制方法如下：

（1）现场观察测定法

现场观察测定法是我国多年来专业测定定额的常用方法。它以研究工时消耗为对象，以观察测时为手段，通过密集抽样和粗放抽样等技术进行直接的时间研究，以确定人工消耗和机械台班定额水平。

现场观察测定法的特点是能够把现场工时消耗情况和施工组织技术条件联系起来加以观察、测时、计量和分析，以获得该施工过程的技术组织条件和工时消耗的有技术根据的基础资料。它不仅能为制定定额提供基础数据，还能为改善施工组织管理、改善工艺过程和操作方法、消除不合理的工时损失和进一步挖掘生产潜力提供依据。

现场观察测定法技术简便、应用面广、资料全面，适用于影响工程造价大的主要项目及新技术、新工艺、新施工方法的劳动力消耗和机械台班水平的测定。这里要强调的是劳动消耗中要包含人工幅度差的因素，至于人工幅度差考虑多少，是低于现行预算定额水平还是做不同的取值，由企业在实践中探索确定。

（2）经验统计法（抽样统计法）

经验统计法是运用抽样统计的方法，从以往类似工程施工竣工结算资料和典型设计图资料及成本核算资料中抽取若干个项目的资料进行分析、测算及定量的方法，又称抽样统计法。运用这种方法，首先要建立一系列数学模型，对以往不同类型的样本工程项目成本降低情况进行统计、分析，然后得出同类型工程成本的平均值或是平均先进值。由于典型工程的经验数据权重不断增加，使其统计数据资料越来越完善、真实、可靠。

经验统计法，只要正确确定基础类型，然后对号入座即可。此方法的特点是积累过程长，统计分析细致，但使用时简单易行，方便快捷。缺点是模型中考虑的因素有限，而工程实际情况则要复杂得多，对各种变化情况的需要不能一一适应，准确性也不够，因此这种方法对设计方案较规范的一般住宅民建工程常用项目的人工、材料、机械台班消耗及管理费测定较适用。

（3）定额换算法

定额换算法是按照工程预算的计算程序计算出造价，分析出成本，然后根据具体工程项目的施工图、现场条件和企业劳务、设备及材料储备状况，结合实际情况对定额水平进行调增或调减，从而确定工程实际成本的方法。

在各施工单位企业定额尚未建立的今天，采用这种定额换算的方法建立部分定额水平，不失为一种捷径。这种方法在假设条件下，把变化的条件罗列出来进行适当增减，既比较简单易行，又相对准确，是补充企业一般工程项目人工、材料、机械台班和管理费标准的较好方法之一，不过这种方法制定的定额水平要在实践中得到检验和完善。

5. 企业定额的作用

企业定额作为工程建设定额体系的基础，主要表现在企业定额水平是确定概算、预算定额和指标消耗水平的基础，它为施工企业编制施工作业计划、施工组织设计以及施工预算提供了必要的技术依据。

（1）企业定额是编制预算定额和补充单位估价表的基础

以企业定额的水平作为确定预算定额水平的基础，以便使预算定额符合施工生产及经营管理的实际水平。企业定额作为编制补充单位估价表的基础，是指因采用了新技术、新结构、新材料、新工艺，而预算定额中有缺项时，在编制补充预算定额和补充单位估价表时，要以企业定额作为基础。

（2）企业定额是施工企业进行工程投标、编制工程投标报价的基础和主要依据

企业定额反映了本企业施工生产的技术水平和管理水平，在确定工程投标报价时，首先应根据企业定额计算出施工企业拟完投标工程需要发生的计划成本。在掌握工程成本的基础上，再根据所处的环境和条件，确定该工程上将获得的利润、预计的工程风险费用及其他应考虑的因素，从而确定投标报价。因此，企业定额是施工企业计算投标报价的依据。

（3）企业定额是编制施工组织设计的依据

施工组织设计是指导拟建工程进行施工准备及施工生产的技术经济文件，其基本任务是根据招标文件和合同协议的规定，确定出经济合理的施工方案，在人力和物力、技术和组织、时间和空间上对拟建工程作出最佳的安排。在编制施工组织设计中，特别是单位工程的作业设计，依靠施工定额可比较精确地计算出劳动力、材料、设备的需要量，以便在开工前合理地安排各基层的施工任务，做好人力、物力的综合平衡。

（4）企业定额是企业计划管理的依据

企业定额是企业计划管理的依据，主要表现在它不仅是企业编制施工组织设计的依据，还是企业编制施工作业计划的依据。施工作业计划是根据企业的施工计划、拟建工程的施工组织设计以及现场实际情况编制的，这些计划的编制必须将施工定额作为依据。施工中实物工作量和资源需要量的计算都应以施工定额的分项和计量单位作为依据。施工作业计划是施工单位计划管理的中心环节，编制时要用施工定额进行劳动力、施工机械和运输力量的平衡，计算材料、构件等分期需用量和供应时间，计算实物工程量和安排施工形象进度。

（5）企业定额是编制施工预算、加强企业成本管理的基础

施工预算是施工单位用来确定单位工程人工、机械、材料资金需要量的计划文件，既要反映设计图的要求，又要考虑在现有条件下可能采取的节约人工、材料以及降低成本的各项具体措施，以便有效控制施工中人力、物力消耗，节约成本开支。

（6）企业定额是计算劳动报酬、实行按劳分配的依据

施工企业内部推行了多种形式的承包经济责任制，计算承包指标或是衡量班组的劳动成果均应以施工定额为依据。完成定额好，劳动报酬就多；达不到定额，劳动报酬就少。

（7）企业定额有利于推广先进技术

在企业定额水平中包含着某些已经成熟的先进施工技术和经验，工人要达到和超过定额，就必须掌握和运用这些先进技术，若工人想要大幅度超过定额，就必须创造性地劳动。施工定额中常常会明确要求采用某些较为先进的施工工具和施工方法，所以贯彻施工定额也意味着推广先进技术。

11.2 钢结构工程工程量清单计价

11.2.1 工程量清单的编制依据及编制原则

1. 工程量清单的编制依据

1)《建设工程工程量清单计价规范》（GB 50500—2013）。

2）国家或省级、行业建设主管部门颁发的计价依据和办法。

3）与建设工程项目有关的标准、规范、技术资料。

4）施工现场情况、工程特点及常规施工方案。

5）招标文件及其补充通知、答疑纪要。

6）建设工程设计文件。

7）其他相关资料。

工程量清单编制及计价过程示意图如图 11-2 所示。

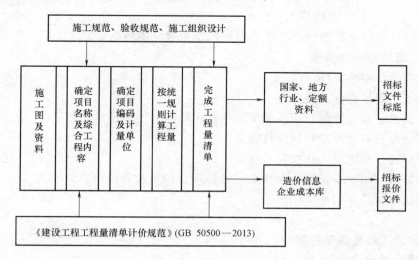

图 11-2　工程量清单编制及计价过程示意图

2. 工程量清单的编制原则

1）编制实物工程量清单要三统一，即统一工程量计算规则、统一分类分项工程划分、统一计量单位。

2）能满足控制实物工程量，实行市场调节价，竞争形成工程造价的价格运行机制的要求。

3）能满足工程建设施工招标投标计价的需要，可对工程造价进行合理确定和有效控制。

4）能促进企业的经营管理、技术进步，增强施工企业在国内外建筑市场的竞争力。

5）有利于规范建筑市场的计价行为。

6）适度考虑我国目前工程造价管理工作的现状。

11.2.2　工程量清单的编制

工程量清单的编制专业性强，内容复杂，对编制人的业务技术水平要求高。能否编制出完整、严谨的工程量清单，直接影响招标的质量，也是招标成败的关键。

1. 工程量清单格式及清单编制的规定

工程量清单应由分部分项工程量清单、措施项目清单、其他项目清单、规费项目清单和税金项目清单组成。

1）工程量清单是招标人要求投标人完成的工程项目及相应工程数量，全面反映了投标报价要求，是投标人进行报价的依据，工程量清单应是招标文件不可分割的一部分，必须由具有编制招标文件能力的招标人或受其委托具有相应资质的中介机构编制。

2）工程量清单反映拟建工程的全部工程内容，由分部分项工程量清单、措施项目清单和其他项目清单组成。

3）编制分部分项工程量清单时，项目编码、项目名称、项目特征、计量单位和工程量计算规则等严格按照国家制定的计价规范中的附录做到统一，不能任意修改和变更。其中项目编码的第十至十二位可由招标人自行设置。

4）措施项目清单及其他项目清单应根据拟建工程具体情况确定。

2. 工程量清单编制的程序

1）熟悉图纸和招标文件。

2）了解施工现场的有关情况。

3）划分项目、确定分部分项清单项目名称和编码（主体项目）。

4）确定分部分项清单项目的项目特征。

5）计算分部分项清单主体项目工程量。

6）编制清单（分部分项工程量清单、措施项目清单和其他项目清单）。

7）复核、编写总说明。

8）装订。

3. 分部分项工程量清单的编制

（1）工程量清单的编码

工程量清单的编码，主要是指分部分项工程量清单的编码。

分部分项工程量清单项目按五级编码设置，用十二位阿拉伯数字表示，一至九位应按《建设工程工程量清单计价规范》（GB 50500—2013）附录 A、B、C、D、E 的规定设置；十至十二位应根据拟建工程的工程量清单项目名称由其编制人设置，并应自 001 起顺序编制。一个项目的编码由以下五级组成：

1）第一级编码。分两位，为分类码；建筑工程为 01、装饰装修工程为 02、安装工程为 03、市政工程为 04、园林绿化工程为 05。

2）第二级编码。分两位，为章顺序码。

3）第三级编码。分两位，为节顺序码。

4）第四级编码。分三位，为清单项目码。

5）第五级编码。分三位，为具体清单项目码，由 001 开始按顺序编制，是分项工程量清单项目名称的顺序码，是招标人根据工程量清单编制的需要自行设置的。

其中第一级至第四级编码即前九位编码，是规范附录中根据工程分项在附录 A、B、C、D、E 中分别已明确规定的编码，供清单编制时查询，不能作任何调整与变动。

以 010604002001 为例，各级项目编码划分、含义如图 11-3 所示。

（2）项目名称

分部分项工程量清单的项目名称应按附录的项目名称结合拟建工程的实际确定。

项目名称应以工程实体命名。这里所指的工程实体，有些是可用适当的计量单位计算的简单完整的施工过程的分部分项工程，也有些是分部分项工程的组合。

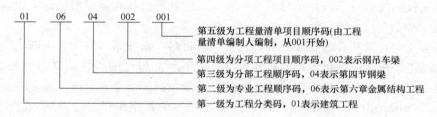

图 11-3　各级编码图

（3）项目特征描述

工程量清单的项目特征是确定清单项目综合单价不可缺少的重要依据，在编制工程量清单时，必须对项目特征进行准确和全面的描述。在描述工程量清单项目特征时，可按以下几方面原则进行。

1）项目特征描述的内容应按《建设工程工程量清单计价规范》（GB 50500—2013）附录中的规定，结合工程的实际，能满足确定综合单价的需要。

2）若采用标准图集或施工图能够全部或部分满足项目特征描述的要求，项目特征描述可直接采用详见××图集或××图号的方式。对不满足项目特征描述要求的部分，仍应用文字描述。

在进行项目特征描述时，可掌握以下几方面要点：

① 必须描述的内容。涉及正确计量的内容必须描述；涉及结构要求的内容必须描述；涉及材质要求的内容必须描述；涉及安装方式的内容必须描述。

② 可不描述的内容。对计量计价没有实质影响的内容可以不描述；应由投标人根据施工方案确定的可以不描述；应由投标人根据当地材料和施工要求确定的可以不描述；应由施工措施解决的可以不描述。

③ 可不详细描述的内容。无法准确描述的可不详细描述，如土壤类别注明由投标人根据地勘资料自行确定土壤类别，决定报价。施工图、标准图集标注明确的，可不再详细描述，对这些项目可描述为见××图集××页号及节点大样等。还有一些项目可不详细描述，如土方工程中的"取土运距""弃土运距"等，但应注明由投标人自定。

（4）计量单位

分部分项工程量清单的计量单位应按计价规范附录中规定的计量单位确定。工程数量应遵守下列规定：

1）以"吨""千米"为单位，应保留小数点后 3 位数字，第四位四舍五入。

2）以"立方米""平方米""米"为单位，应保留小数点后两位数字，第三位四舍五入。

3）以"个""项""付""套"等为单位，应取整数。

当计量单位有两个或两个以上时，应根据所编工程量清单项目的特征要求，选择最适宜表现该项目特征并方便计量的单位。如门窗工程的计量单位为"樘"或"m²"两个计量单位，实际工作中，应选择最适宜且最方便计量的单位来表示。

（5）工程数量

分部分项工程量清单中所列工程量应按计价规范附录中规定的工程量计算规则计算。工程数量的计算主要通过工程量计算规则计算得到。工程量计算规则是指对清单项目工程量的计算规定。除另有说明外，所有清单项目的工程量应以实体工程量为准，并以完成后的净值计算；投标人投标报价时，应在单价中考虑施工中的各种损耗和需要增加的工程量。

（6）补充项目

随着科学技术日新月异的发展，工程建设中新材料、新技术、新工艺不断涌现，计价规范附录所列的工程量清单项目不可能包罗万象，更不可能包含随科技发展而出现的新项目。在实际编制工程量清单时，当出现计价规范附录中未包括的清单项目时，编制人应作补充。

补充项目的编码由附录的顺序码与 B 和 3 位阿拉伯数字组成，并应从×B001 起顺序编制，同一招标工程的项目不得重码。工程量清单中需附有补充项目的项目名称、项目特征、计量单位、工程量计算规则和工程内容。

编制补充项目时应注意以下几方面内容：

1）补充项目的编码必须按计价规范的规定进行。即由附录的顺序码（A、B、C、D、E、F）与 B 和 3 位阿拉伯数字组成。

2）在工程量清单中应附补充项目的项目名称、项目特征、计量单位、工程量计算规则和工程内容。

3）将编制的补充项目报省级或行业造价管理机构备案。

4. 措施项目清单的编制

措施项目是指为完成工程项目施工，发生于该工程施工准备和施工过程中的技术、生活、安全、环境保护等方面的非工程实体项目。措施项目清单应根据拟建工程的实际情况列项。

（1）措施项目清单的设置

首先，要参考拟建工程的施工组织设计，以确定安全文明施工（含环境保护、文明施工、安全施工、临时设施）、二次搬运等项目；其次，参阅施工技术方案，以确定夜间施工、大型机械进出场及安拆、混凝土模板与支架、施工排水、施工降水、地上和地下设施及建筑物的临时保护设施等项目。此外，参阅相关的施工规范与验收规范，可以确定施工技术方案没有表述的，但为了实现施工规范与验收规范要求而必须发生的技术措施；此外，还包括招标文件中提出的某些必须通过一定的技术措施才能实现的要求；设计文件中一些不足以写进技术方案，但要通过一定的技术措施才能实现的内容。通用措施项目是指各专业工程的"措施项目清单"中均可列的措施项目，可按表 11-1 选择列项。

表 11-1　通用措施项目一览表

序号	项目名称
1	安全文明施工（含环境保护、文明施工、安全施工、临时设施）
2	夜间施工
3	二次搬运
4	冬雨期施工
5	大型机械设备进出场及安拆
6	施工排水
7	施工降水
8	地上、地下设施，建筑物的临时保护设施
9	已完工程及设备保护

　　措施项目清单应根据拟建工程的具体情况，参照措施项目一览表列项，若出现措施项目一览表未列项目，编制人可作补充。

　　编制措施项目清单，编制者必须具有相关的施工管理、施工技术、施工工艺和施工方法等的知识及实践经验，掌握有关政策、法规和相关规章制度。例如掌握环境保护、文明施工、安全施工等方面的规定和要求，为了改善和美化施工环境、组织文明施工就会发生措施项目及其费用开支，否则就会漏项。

　　编制措施项目清单应注意以下几点：

　　1）既要对规范有深刻的理解，又要有比较丰富的知识和经验，要真正弄懂工程量清单计价方法的内涵，熟悉和掌握计价规范对措施项目的划分规定和要求，掌握其本质和规律，注重系统思维。

　　2）编制措施项目清单应与分部分项工程量清单综合考虑，与分部分项工程紧密相关的措施项目编制时可同步进行。

　　3）编制措施项目应与拟定或编制重点难点分部分项施工方案相结合，以保证措施项目划分和描述的可行性。

　　4）对一览表中未能包括的措施项目，还应给予补充，对补充项目应更加注意描述清楚、准确。

　　（2）措施项目清单的编制依据

　　1）拟建工程的施工组织设计。

　　2）拟建工程的施工技术方案。

　　3）与拟建工程相关的施工规范与工程验收规范。

　　4）招标文件

　　5）设计文件。

　　5. 其他项目清单的编制

　　其他项目清单是指分部分项清单项目和措施项目以外，该工程项目施工中可能发生的其他费用项目和相应数量的清单。其他项目清单宜按照暂列金额、暂估价（包括材料暂估价、专业工程暂估价）、计日工、总承包服务费 4 项内容来列项。由于工程建设标准的高低、工程的复杂程度、工程的工期长短、工程的组成内容、发包人对工程管理要求等都直接影响其他项目清单的具体内容，以上内容作为列项参考，其不足部分，编制人可根据工程的具体情况进行补充。

　　6. 规费项目清单的编制

　　规费是指根据省级政府或省级有关权力部门规定必须缴纳的，应计入建筑安装工程造价的费用。规费项目清单应按照工程排污费、工程定额测定费、社会保障费（包括养老保险费、失业保险费、医疗保险费）、住房公积金、危险作业意外伤害保险等内容列项。若出现上述未列的项目，应根据省级政府或省级有关权力部门的规定列项。

　　规费作为政府和有关权力部门规定必须缴纳的费用，政府和有关权力部门可根据形势发展的需要，对规费项目进行调整。因此，对《建筑安装工程费用项目组成》未包括的规费项目，在计算规费时应根据省级政府和省级有关权力部门的规定进行补充。

　　7. 税金项目清单的编制

　　税金项目主要是指增值税。出现计价规范未列的项目，应根据税务部门的规定列项。

视频 12-1：
钢雨篷

12.1 钢雨篷

【例 12-1】 某钢结构雨篷采用方钢管管桁架结构，钢管外包铝塑板，雨篷结构图如图 12-1～图 12-18 所示。要求编制该工程的钢结构工程量清单。

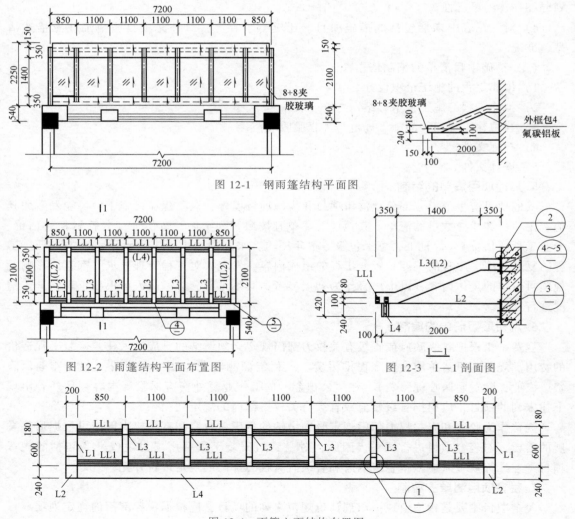

图 12-1 钢雨篷结构平面图

图 12-2 雨篷结构平面布置图

图 12-3 1—1 剖面图

图 12-4 雨篷立面结构布置图

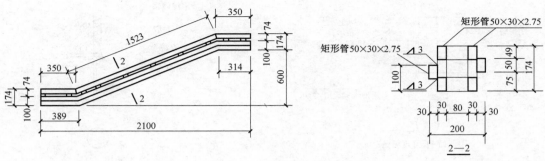
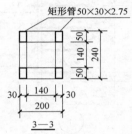

图 12-5　钢梁 L1 详图

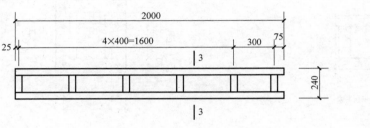

图 12-6　钢梁 L2 详图

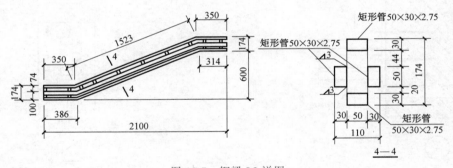

图 12-7　钢梁 L3 详图

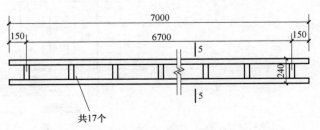
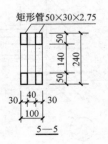

图 12-8　钢梁 L4 详图

159

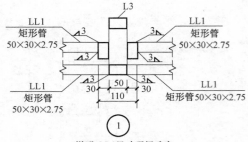

说明:LL1尺寸现场确定

图 12-9 节点 1

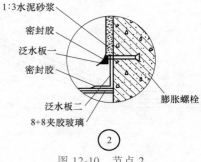

图 12-10 节点 2

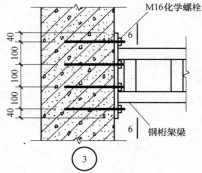

图 12-11 节点 3

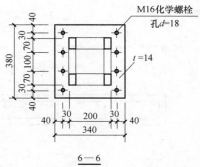

6—6

图 12-12 6—6 剖面图

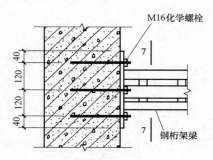

图 12-13 节点 4

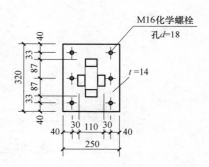

7—7

图 12-14 7—7 剖面图

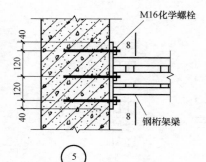

图 12-15 节点 5

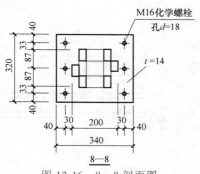

8—8

图 12-16 8—8 剖面图

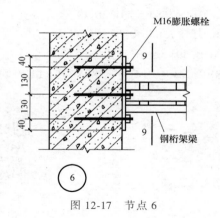

图 12-17　节点 6

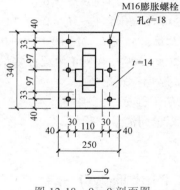

9—9

图 12-18　9—9 剖面图

【解】

1. 钢梁

（1）清单工程量

钢梁 L1 工程量：$M_1 = 2 \times [6 \times (0.35 + 1.523 + 0.35) + 2 \times 10 \times (0.08 + 0.074)] \times 3.454$
$$= 113.416 (\text{kg}) = 0.1134 (\text{t})$$

钢梁 L2 工程量：$M_2 = 2 \times (4 \times 2 + 4 \times 6 \times 0.14) \times 3.454 = 78.475 (\text{kg}) = 0.0785 (\text{t})$

钢梁 L3 工程量：$M_3 = 6 \times [4 \times (0.35 + 1.523 + 0.35) + 10 \times 0.114] \times 3.454$
$$= 207.903 (\text{kg}) = 0.2079 (\text{t})$$

钢梁 L4 工程量：$M_4 = 2 \times [4 \times 7 + 17 \times 2 \times (0.14 + 0.04)] \times 3.454$
$$= 235.7 (\text{kg}) = 0.2357 (\text{t})$$

钢梁 LL1 工程量：$M_5 = 3 \times (2 \times 2 \times 4 \times 0.85 + 5 \times 2 \times 4 \times 1.1) \times 3.454$
$$= 596.851 (\text{kg}) = 0.5969 (\text{t})$$

钢梁总重：$M = M_1 + M_2 + M_3 + M_4 + M_5 = 0.1134 + 0.0785 + 0.2079 + 0.2357$
$$= 0.6355 (\text{t})$$

【小贴士】　式中：2 为 L1 根数，$[6 \times (0.35 + 1.523 + 0.35) + 2 \times 10 \times (0.08 + 0.074)]$ 为 L1 长度；3.454 为 50×30×2.75 钢管理论质量，2 为 L2 根数，$(4 \times 2 + 4 \times 6 \times 0.14)$ 为 L2 长度；6 为 L3 根数，$[4 \times (0.35 + 1.523 + 0.35) + 10 \times 0.114]$ 为 L3 长度；4 为 L4 根数，$[4 \times 7 + 17 \times 2 \times (0.14 + 0.04)]$ 为 L4 长度；3 为 LL1 根数，$(2 \times 2 \times 4 \times 0.85 + 5 \times 2 \times 4 \times 1.1)$ 为 LL1 长度。

（2）定额工程量

定额工程量同清单工程量。

2. 化学螺栓

（1）清单工程量

$N = 2 \times 8 + 8 \times 6 = 64$　（个）

（2）定额工程量

定额工程量同清单工程量。

3. 预埋件

（1）清单工程量

－380×340×14 预埋件：$M_6 = 2 \times 0.38 \times 0.34 \times 0.014 \times 7.85 = 0.0284 (\text{t})$

$-320×250×14$ 预埋件：$M_7 = 6×0.32×0.25×0.014×7.85 = 0.0528(t)$

$-320×340×14$ 预埋件：$M_8 = 2×0.32×0.34×0.014×7.85 = 0.0239(t)$

预埋件总重：$M_6 + M_7 + M_8 = 0.0284 + 0.0528 + 0.0239 = 0.1051(t)$

式中：2 为 $-380×340×14$ 预埋件数量；$0.38×0.34×0.014$ 为 $-380×340×14$ 预埋件面积；7.85 为 1mm 厚钢板理论质量。

（2）定额工程量

定额工程量同清单工程量。

视频 12-2：
门式刚架

12.2 门式刚架厂房

【例 12-2】 某单跨门式刚架结构厂房，如图 12-19~图 12-25 所示，门式刚架跨度 24m，柱间间距 6m，门式刚架高 6m，屋面坡度 1/10。钢柱和斜梁均采用型钢截面，柱截面 H500×300×10×8，斜梁截面 H300×200×8×6，柱脚采用铰接式柱脚，如图 12-22 所示，屋面檩条采用 180×70×20×2，檩条与斜梁的连接如图 12-23 所示。在端部及中间设三道柱间支撑，以加强刚架的侧向刚度，如图 12-21 和图 12-25 所示，试计算该厂房框架（不计屋面板及墙板）的制作工程量。

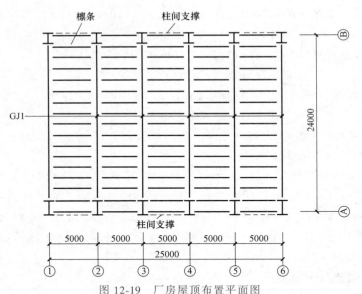

图 12-19 厂房屋顶布置平面图

【解】

1. 厂房柱

（1）清单工程量

单根工程量：

① $-480×8$，$L = 6150mm$

$M_1 = 0.48×6.15×62.8 = 185.386(kg)$

② $-300×10$，$L = 4700mm$

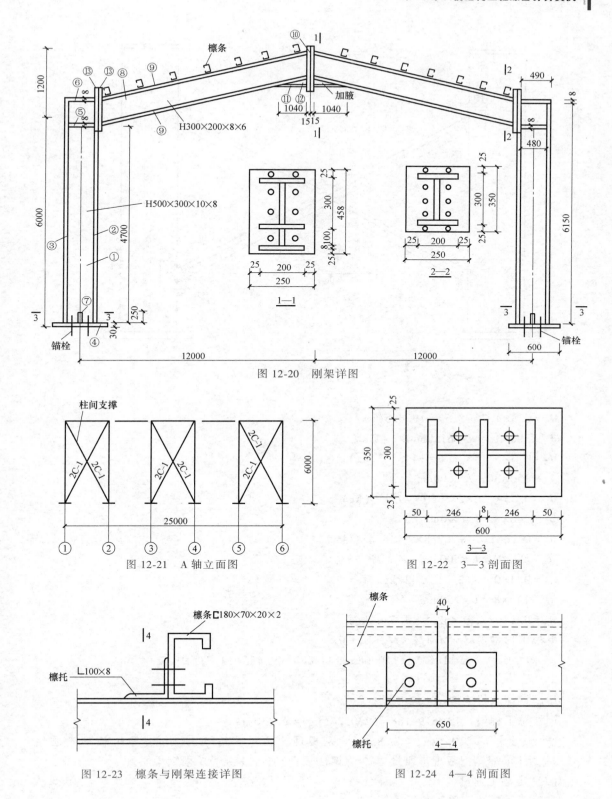

图 12-20　刚架详图

图 12-21　A 轴立面图

图 12-22　3—3 剖面图

图 12-23　檩条与刚架连接详图

图 12-24　4—4 剖面图

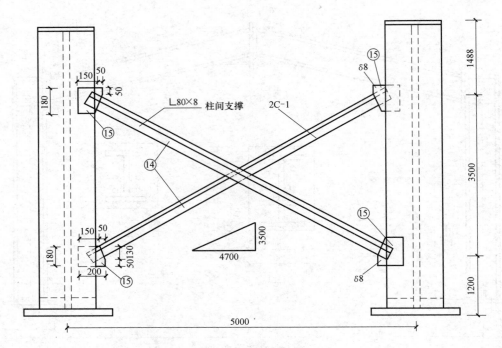

图 12-25　柱间支撑详图

$M_2 = 0.3 \times 4.7 \times 78.5 = 110.685 (\mathrm{kg})$

③ -300×10，$L = 6150 \mathrm{mm}$

$M_3 = 0.3 \times 6.15 \times 78.5 = 144.833 (\mathrm{kg})$

④ -350×30，$L = 600 \mathrm{mm}$

$M_4 = 0.35 \times 0.6 \times 235.50 = 49.455 (\mathrm{kg})$

⑤ -246×8，$L = 480 \mathrm{mm}$

$M_5 = 0.246 \times 0.48 \times 62.8 \times 2 = 14.831 (\mathrm{kg})$

⑥ -300×8，$L = 500 \mathrm{mm}$

$M_5 = 0.3 \times 0.5 \times 62.8 = 9.42 (\mathrm{kg})$

⑦ -146×8，$L = 250 \mathrm{mm}$

$M_5 = 0.146 \times 0.25 \times 62.8 = 4.584 (\mathrm{kg})$

单根工程量：$M = M_1 + M_2 + M_3 + M_4 + M_5$

$\qquad = 185.38 + 110.685 + 144.833 + 49.455 + 14.831 + 9.42 + 4.584$

$\qquad = 519.188 (\mathrm{kg})$

厂房钢柱数量为 $2 \times 6 = 12$（根）

钢柱总工程量：$12 \times 519.188 = 6230.26 (\mathrm{kg}) = 6.230 (\mathrm{t})$

【小贴士】　式中：62.8 为 8mm 厚钢板理论质量，78.5 为 10mm 厚钢板理论质量，235.50 为 30mm 厚钢板理论质量；12 为钢柱数量；519.188 为单根钢梁质量。

（2）定额工程量

定额工程量同清单工程量。

2. 斜梁工程量

（1）清单工程量

⑧－284×6，$L=\sqrt{\left(12000-\dfrac{480}{2}-15\times3\right)^2+\left[\dfrac{1}{10}\left(12000-\dfrac{480}{2}-15\times3\right)\right]^2}=11773$（mm）

$M_8=0.284\times11.773\times47.1=157.48$（kg）

⑨－300×8，$L=\sqrt{\left(12000-\dfrac{480}{2}-15\times3\right)^2+\left[\dfrac{1}{10}\left(12000-\dfrac{480}{2}-15\times3\right)\right]^2}=11773$（mm）

$M_9=0.3\times11.773\times62.8\times2=443.61$（kg）

⑩－250×15，$L=458$（mm）

$M_{10}=0.25\times0.458\times117.75=13.48$（kg）

⑪－200×8，$L=1040$（mm）

$M_{11}=0.2\times1.04\times62.8=13.06$（kg）

⑫－100×8，$L=1040$（mm）

$M_{12}=\dfrac{1}{2}\times0.1\times1.04\times62.8=3.266$（kg）

⑬－250×15，$L=350$（mm）

$M_{13}=0.25\times0.35\times117.75\times2=20.61$（kg）

则该单架斜梁的制作工程量为

$157.48+443.61+13.48+13.06+3.266+20.61=651.506$（kg）

该厂房斜梁总的制作工程量为

$651.506\times2\times6=7818.072$（kg）$=7.818$（t）

【小贴士】　式中：47.1 为 6mm 厚钢板理论质量，62.8 为 8mm 厚钢板理论质量，117.75 为 15mm 厚钢板理论质量；651.506 为单根斜梁质量；2×6 为斜梁数量。

（2）定额工程量

定额工程量同清单工程量。

3. 檩条及檩托

（1）清单工程量

檩条：⊏ 180×70×20×2，$L=5000-40=4960$（mm），⊏ 180×70×20×2 的理论质量为 5.39kg/m，则

工程量 $=5.39\times4.96\times14\times5=1871.408$（kg）$=1.871$（t）

檩托：∟ 100×8，$L=650$mm，∟ 100×8 的理论质量为 12.28kg/m，则

工程量 $=12.28\times0.65\times14\times4=446.992kg=0.447$（t）

檩条和檩托总的制作工程量为 $1.871+0.447=2.318$（t）

【小贴士】　式中：5.39 为檩条理论质量；4.96×14×5 为檩条长度；12.28 为檩托理论质量；0.65×14×4 为檩托长度。

（2）定额工程量

定额工程量同清单工程量。

4. 柱间支撑工程量

（1）清单工程量

一个柱间支撑的制作工程量为

⑭ ∟80×8，$L = \sqrt{4700^2 + 3500^2} = 5860mm$，∟80×8 的理论质量为 9.66kg/m

$M_{14} = 9.66×5.86×2(kg) = 113.22(kg)$

⑮ −180×8，$L = 200mm$

$M_{15} = 0.18×0.2×62.8×4(kg) = 9.04(kg)$

一个柱间支撑的工程量为 $M_{14} + M_{15} = 113.22 + 9.04 = 122.26(kg)$

则该厂房柱间支撑总的工程量为

$122.26×3×2 = 733.56(kg) = 0.734(t)$

【小贴士】 式中：62.8 为 8mm 厚钢板理论质量；122.26 为单根柱间支撑质量；3×2 为柱间支撑数量。

（2）定额工程量

定额工程量同清单工程量。

13.1 广联达工程造价算量软件

13.1.1 广联达工程造价算量软件概述

1. 概述

工程造价计算软件多种多样，人机的结合使得操作方便，软件包含清单和定额两种计算规则，运算速度快，计算结果精准，为广大造价人员提供了方便。

工程造价软件主要包括工程量计算软件、钢筋计算软件、工程计价软件、评标软件等，主要用户有建设方、施工方、设计、中介咨询机构及政府部门。常见的造价软件有广联达、鲁班、神机妙算、PKPM 和斯维尔等。

其中，广联达软件使用简便，可以加快概预算的编制速度，极大地提高了工作效率。目前，市场推出的工程造价方面的软件包括广联达图形算量软件和广联达清单计价软件两类。

2. 类别

广联达软件主要由广联达计价软件（GBQ4.0）、广联达土建算量软件（GCL2013）、广联达钢筋算量软件（GGJ2013）、钢筋翻样软件（GFY）、安装算量软件（GQI）、材料管理软件（GMM）、精装算量软件（GDQ）和市政算量软件（GMA）等组成，进行套价、工程量计算、钢筋用量计算、钢筋现场管控、安装工程量计算、材料的管理、装修工程的量价处理、桥梁及道路

音频 13-1：
广联达软件类别

等的工程量计算等。软件内置了规范和图集，自动实行扣减，还可以根据公司和个人的不同需要，对其进行设置修改，选择需要的格式报表等。安装好广联达工程算量和造价系列软件后，装上相对应的加密锁，双击计算机屏幕上的图标，就可启动软件。目前，这些软件均比较成熟，普及率很高，应用于很多设计院和造价事务所等。

3. 广联达软件的报价优点

（1）多种计价模式共存

清单与定额两种计价方式共存于软件中，实现清单计价与定额计价的完美过渡与组合；提供"清单计价转定额计价"功能，可以在两种计价方式中自由转换，评估整体造价。

音频 13-2：
广联达软件
报价优点

（2）多方位数据接口

在"导入导出招标投标文件"中提供了各类招标投标文件的导入导出功

能；随着计算应用的普及，各类电子标书越来越多，"导入工程量清单"功能可以直接从

Excel 和 Access 中直接将清单内容导入；能够导入广联达图形算量软件工程文件数据，实现图形算量结果与计价的连接；通过企业定额可以创建反映企业实际业务水平、具备市场竞争实力的企业定额数据，并通过与 GBQ4.0 的数据安装集成应用，实现在 GBQ4.0 中由体现竞争的企业定额数据直接计价的工作过程。

（3）强大的数据计算

GBQ4.0 能够快速计算，提高造价人员计算能力，例如可使用建筑工程超高降效费用计算，通过对建筑工程檐高或层高范围的数据设定，自动计算出超高降效费用项目。同时满足不同计算要求，可使用自定义单价取费计算的方式，对清单综合单价的计算取定过程施加控制，并适当选择合适的取费方式，从而使综合单价取费计算过程满足招标技术要求。

（4）灵活的报表设计功能

设计界面采用 Office 表格设计风格，完善报表样式；报表名称列使用树状结构分类显示，查找更加方便；报表可以导出到 Excel，设计更加灵活。

（5）工程造价调整

工程造价调整分为调价和调量两部分。可以在最短的时间内实现工程总价的调整和分摊；工程量调整可针对预算书不同的分部操作；"主材设备不参与调整""人工机械不调整单价""甲供材料不参与调整"多个选项并存。各选项自由组合，实现量价调整的灵活快速；提供调整后预览功能，使调整过程更加清晰明了。

4. 手工算量与软件算量的对比

广联达软件算量在具体的应用过程中，主要是将绘图以及 CAD 识图两者相结合，实现绘图以及识图的功能，并且能够实现对各省份所产生的清单以及库存进行相关构件的计量，相关的工程造价核算人员在广联达软件算量的影响下，只需要严格依照相关图样，并结合软件定义界面的要求来进行相关构件属性的确定即可。然后在构件的属性确定后，就可以正式在绘图区域进行绘图工作，同时针对软件严格地按照相关的计算原则进行设置，从而可以自动地计算出相应的工程量。这样不仅能够使得造价人员及时有效地发现相关的绘制问题，同时也能够使得计算的过程相应缩短，使得计量更加精确。

此外，由于广联达软件算量在目前的建筑工程中应用较为普遍，故相关的软件公司也构建了专门的共享平台，使得相关的人员可以互相交流经验，从而使得工程造价的核算工作能够更加顺利而高效地开展。

手工算量是最基本、最原始的工程量计算方法之一，造价人员需要熟悉定额和图集以及掌握相应定额和清单的工程量计算规则，合理安排计算顺序，避免计算中的混乱和重复。

手工计算虽然计算的过程比较复杂，但只要造价人员针对需要计算的部位，严格依照计算公式的要求来进行计算，都可以算出来，特别是一些软件中不方便绘制的地方，因此在二次精装修、安装工程及钢结构工程等的造价计算运用得十分广泛。

软件算量融合了自动化技术以及计算机技术，是工程量计量未来发展的趋势。虽然手工算量在一些复杂节点的计量上还有着一定的应用优势，但是在广联达软件算量逐渐发展和应用的进程中，手工算量会逐渐被取代。

13.1.2 广联达工程造价算量软件的算量原理

广联达 BIM 土建算量软件 GCL2013 通过以画图方式建立建筑物的算量模型，根据内置的计算规则实现自动扣减，从而让工程造价从业人员快速准确地进行算量、核量和对量工作。

广联达 BIM 土建算量软件 GCL2013 能够计算的工程量包括土石方工程量、砌体工程量、混凝土及模板工程量、屋面工程量、天棚及其楼地面工程量和墙柱面工程量等。

钢筋工程量的编制主要取决于钢筋长度的计算，以往借助平法图集查找相关公式和参数，通过手工计算求出各类钢筋的长度，再乘以相应的根数和理论质量，就能得到钢筋质量。

运行软件时，只需通过画图的方式，快速建立建筑物的计算模型，软件会根据内置的平法图集和规范实现自动扣减，准确算量。此外，钢筋算量软件充分利用了构件分层功能，在绘制相同属性的构件时，只需从其他楼层导入，就可实现各层的绘制，大大减少了绘制工作量。

广联达钢筋算量软件参照传统手工算量的基本原理，将手工算量的模式与方法内置到软件中，依据最新的平法图集规范，从而实现了钢筋算量工作的程序化，加快了造价人员的计算速度，提高了计算的准确度。

13.1.3　广联达工程造价算量软件的操作流程

1. 广联达操作流程

广联达计价软件是广联达软件股份有限公司针对工程造价推出的核心产品，通过招标管理、投标管理和清单计价三大模块来实现电子招标过程的计价工作。广联达操作流程示意图如图 13-1 所示。

音频 13-3：钢筋算量软件的基本原理和思路

2. 广联达 BIM 土建算量软件 GCL 操作步骤

广联达 BIM 土建算量软件 GCL 软件整体操作流程为启动软件→新建工程→建立轴网→定义构件→绘制构件→汇总计算→打印报表→保存工程→退出软件。

（1）软件的启动与退出

双击广联达 BIM 土建算量软件 GCL 或者在 Windows 菜单找到广联达软件打开。退出广联达软件可以点击菜单栏的"文件"点击退出。

（2）新建工程

启动软件之后，单击"新建向导"弹出新建工程向导窗口，如图 13-2 所示。

（3）输入新建信息

在新建向导窗口输入工程信息，选择清单规则和定额规则即为清单招标模式或清单投标模式，若只选择清单规则，则为清单招标模式；若只选择定额规则，即为定额模式。如图 13-3 所示。

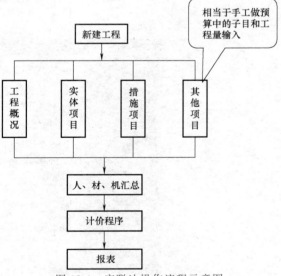

图 13-1　广联达操作流程示意图

连续点击下一步按钮，分别输入工程信息、编制信息，直到出现如图 13-4 所示的"完成"窗口。

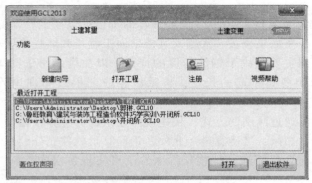

图 13-2　新建工程向导窗口示意图

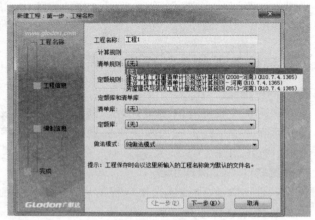

图 13-3　输入新建信息示意图

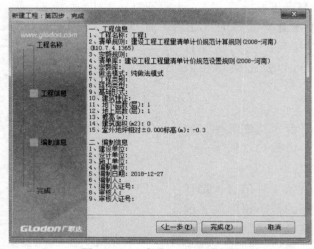

图 13-4　"完成"窗口示意图

（4）工程设置

点击完成后出现如图 13-5 所示界面，在图 13-5 左侧工程设置下的楼层信息选项根据图样要求输入正确信息，建立整体的工程框架。

图 13-5　工程设置示意图

（5）定义构件

大致工程信息框架完成之后，根据施工图要求先建立轴网，按照图样所示轴线数据建立轴网，轴网建立完成之后再按照建筑详图和施工图所示定义构件，如图 13-6 所示。

图 13-6　定义构件示意图

（6）工程建模

在定义好构件后根据从下到上的顺序建筑工程模型，再在广联达钢筋软件中按照要求添加上钢筋配筋等。

（7）工程算量

在建好的模型中利用广联达算量软件算出工程量，工程量计算要求必须准确。结构构件本身的复杂性也使得计算钢筋工作量占用了造价人员大量时间，不同构件中钢筋的锚固、搭接计算不同，钢筋保护层厚度不同，加之不同型号和规格的钢筋都需要分类汇总其工程量，使计算过程极为复杂，而很多工作是重复的或是简单的四则运算。图形算量绘制的图形可以导入到钢筋算量软件中，构件不需要重新定义，只需按照设计意图定义每个构件的钢筋，并汇总计算，软件将自动计算出不同截面的钢筋量。

通过建模确定构件的位置，并输入与算量有关的构件属性，选取配套的定额和相关子目，软件通过默认的计算规则，计算得到构件的工程量，自动进行汇总统计，从而得到工程量清单。

3. 广联达 GGJ 软件操作流程

（1）准备工作

熟悉图样并查看图样是否齐全，在模块导航栏中根据图样设置楼层数量及标高，然后在下面设置混凝土强度等级，如果楼层混凝土强度等级不一致，则根据实际情况每层更改。之后根据要求在下一步中填入相对的数据。

（2）创建工程信息

新建项目必须填写结构类型、抗震设防烈度、檐高和抗震等级，如图 13-7 所示。待对工程有了初步印象后，启动钢筋算量软件，依据图样和软件提示填写相应内容。需要注意的是，新平法规则 16G101 已逐步取代 03G101 和 11G101，在选择时应根据结构总说明上的有关内容选择相应规范。

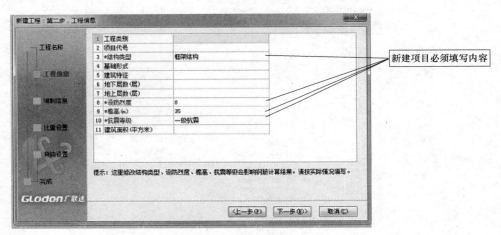

图 13-7 必须填写内容示意图

（3）建立轴网

查看立面图或剖面图，确定楼层标高信息。轴网的绘制是否精确，关系到整个工程是否能顺利建成。轴网的定义要和各层平面图轴网相对应。选择轴网类型，输入轴距和定位角度，完成绘制。

（4）定义构件

定义梁构件一定要分清框架梁、非框架梁、框支梁等表示符号，根据平法图输入截面和钢筋信息。板由现浇板和受力筋、负筋组成，要分别定义。门窗洞口定义时，窗的距地高度软件默认为 900mm，应根据实际情况修改，以避免柱或剪力墙被凿洞。对于异形构件的定义，先在"多边形编辑器"中绘制图元形状，也可从 CAD 中导入，再进行定义。

楼梯、灌注桩、羊角放射筋等零星构件的钢筋工程量可以利用软件中的单构件输入进行计算，主要有以下两种方法：平法输入和参数输入。点击"构件管理"添加构件，选择软件自带的标准图集，修改相应数据，点击"计算退出"按钮退出界面。

（5）构件绘制

切换到绘图界面，"点"绘制是最常用的绘制方法之一，用"Shift+左键"绘制不在轴线交点处的柱。梁直接用"直线"绘制，点击"点加长度"按钮绘制短肢梁，点击"三点画弧"按钮绘制弧形梁。绘制完成后，还需对梁进行识别。

为了更加准确地计算剪力墙钢筋工程量，门窗洞口绘制时可选用"精确布置"功能，按鼠标左键选择需要布置门窗的墙，再按鼠标左键选择插入点，然后输入偏移值点击"确定"按钮。板属于面状构件，常采用"点"或"矩形"绘制板，也可点击"自动生成板"按钮完成板的绘制。其他一些构件，如构造柱、暗柱、过梁、圈梁等，应在主要构件绘制完成后，根据实际情况在相应位置绘制。

（6）工程量计算

画完构件图元后，如要查看钢筋工程量，必须先进行汇总计算。在软件左上栏有"汇总计算"条件窗口选择需要汇总的楼层，点击"计算"按钮软件自动汇总计算。汇总计算完成后，软件按照定额指标、明细表和汇总表三类提供丰富多样的报表以满足不同需求的钢筋数据。在工具导航栏中切换到"报表预览"界面预览报表，根据算量需求选择相应的报表进行打印。

13.2　钢结构工程计价软件

13.2.1　钢结构工程常用计价软件

1. 广联达计价软件 GBQ 概述

广联达计价软件 GBQ 是广联达建设工程造价管理整体解决方案中的核心产品之一，主要通过招标管理、投标管理和清单计价三大模块来实现电子招标投标过程的计价业务。支持清单计价和定额计价两种模式，产品覆盖全国各省市、采用统一管理平台，追求造价专业分析精细化，实现批量处理工作模式，帮助工程造价人员在招标投标阶段快速、准确地完成招标控制价和投标报价工作。

2. 广联达 GBQ 计价软件的作用

1）审查施工图和工程量清单项目，复核工程量清单数量，审查是否有重大漏项等。广联达计价软件考虑了投标人编制投标报价过程操作的安全，投标报价数据的安全，以提高投标人投标报价的成功率，设置了两个检查的窗口。可以实现检查与招标书一致性和投标书自检功能。

2）选用、换算与补充。广联达计价软件提供配套使用的全国各发区、各行业和各时期的定额，并且都提供了直接输入功能，即只要输入定额号，软件就能够自动检索出子目的名称、单位、单价及人材机消耗量等。因此，定额的选用要考虑企业的自身状况。

3）合理调价。包括市场价调整——在 GBQ4.0 中，通过"工具""人工单价调整"和"人才机汇总"界面两个位置调整人工单价为最新的单价值。相关费率调整——在单价构成里面修改管理费和利润的费率；在计价程序里修改规费和税金的费率。对某一分部的工程造价调整——在 GBQ4.0 中,在分部分项界面的功能区点击"工程造价调整""调整子目工程量",在调整子目工程量界面选择需要调整的分部(在点击确定之前,一定要备份一份,因为这是不可恢复操作)。总价调整——在分部分项工程量清单页签选择菜单栏中"分部分项工程量清单",选择工程造价调整;在弹出的界面中可以设置工程造价的调整系数等。

3. 钢结构工程计算软件 xBOM

与其他的建筑工程相比,钢结构工程造价计算有着其特殊性,它不像传统的土建工程一样拥有一系列较为固定的预算、各项费用定额及一套标准的规范报价体系,虽然各类定额也有一些钢结构的子目,但是局限性太大,往往很难反映实际情况,因此特别是作为钢结构公司的预算部门进行项目投标报价时,一般不会采用定额计价方法,绝大多数情况都是采用清单计价的方法。

另一方面,随着计算机科学的发展,国内工程造价方面的应用软件也有了很多成熟的产品,但正是由于钢结构工程造价计算有着其特殊性,面向一般建筑工程的这些预算软件产品处理钢结构工程往往不尽人意,特别是对于广大的钢结构公司的预算报价部门,一般都是用 Excel 来解决,大一点的公司会对 Excel 做一些辅助宏编程,将常用的钢构件截面特性做成表格来进行半自动化计算,会有自己的输出模板,但这些都不能称为软件。作为专门为钢构公司提供专业软件及信息化解决方案的服务商,先闻公司专门开发了针对钢结构工程的造价计算软件 xBOM。

xBOM 钢结构工程计算软件主要功能如下:

1)树状结构。各个分类项目以树状目录清晰显示其所属关系。

2)直接选择型钢规格。软件已经收录了常用的国标型钢规格,也可以自定义型钢。

3)支持复制、粘贴、删除和拖动。树状分类项目支持复制、粘贴、删除和拖动,操作简单、方便、快捷。

4)数值变化自动统计。树状分类项目调整后,调整的项目和汇总的项目的数值会自动统计。

5)自动汇总重量及油漆表面积。软件自动汇总所有构件种类的重量及油漆表面积,也可以针对某一个子目进行汇总。

音频 13-4:
xBOM 钢结构
工程计算软件
主要功能

6)Excel 表格形式表单输出。软件的流水清单、汇总清单、细目清单及报价清单均以 Excel 表格形式输出,方便后续操作。

13.2.2 钢结构工程计价软件 GBQ 操作及使用

虽然目前市场上应用的工程计价软件很多,但是原理和使用方法上大致相同,只是每个软件都具有各自的特点,下面以钢结构工程计价软件 GBQ4.0 为例介绍工程计价软件的用途、操作及使用方法。

钢结构工程计价软件 GBQ4.0 是广联达建设工程造价管理整体解决方案中的核心产品。GBQ4.0 以招标投标阶段造价业务为核心完成业务需求分析及软件设计,支持清单计价和定额计价两种模式,产品覆盖面广,采用项目管理应用模式,追求造价专业精细化,提供大量批处理功能,帮助工程造价人员在招标投标阶段快速、准确、有效地完成招标控制价或投标报价工作。

钢结构工程计价软件 GBQ4.0 的用途如下：

1. 全面整合，轻松工作

1）产品覆盖全国 30 多个省市的定额，可同时安装不同地区、不同专业定额库。同一界面可切换不同地区的清单库和定额库，打开工程文件时，会自动查找工程文件所使用的清单库或定额库。

2）清单、定额两种计价模式并存，实行招标投标三级管理应用模式。可实现标段级项目工程单项、单位工程的造价管理，可自由导入、导出单位工程数据，便于多人分工协作。

2. 贴近业务打造

（1）材料规格换算

材料规格修改后，材料含量自动计算，子目名称自动更改。

（2）主材处理便捷

1）主材自动生成。输入子目时，自动弹出子目下的主材；可以调用之前已经输入的名称或价格；可以提取子目名称或清单名称为主材名称，然后再修改。

2）主材自动记忆、共享。输入过的主材，可自动储存，下次输入该类主材时软件自动过滤储存的主材内容方便选择使用；对于已积累的主材项目可以很方便地共享给其他人。

3）主材修改方便。主材的核查及修改可以通过"修改未计价材料"界面进行操作，在该界面可单独将主材内容过滤出来，避免其他材料的干扰。

（3）市政图集查询

提供市政专业常用图集，方便用户查询市政图集做法，快速完成组价工作。

（4）安装、市政专业管道子目可关联其相关子目

输入管道主子目，管道刷油、保温、试验等相关子目可根据需要进行对应关联子目的选择，自动计算相关联子目工程量，快速完成管道相关子目的输入，提高组价效率。

3. 复杂工作，批量处理

（1）批量替换清单项或子目，实现清单或子目的快速修改或调整

通过【应用当前清单替换其他清单】，可快速修改同类清单项中的一条，其他标段文件中所有同类清单项可快速实现同步更新修改。

（2）标段工程统一调整（替换材料，统一调整取费）

【统一调整人材机】，可实现标段工程人材机的统一调整和替换，修改材料的规格、厂家、产地、品牌等信息。

【统一调整取费】，可实现标段工程总造价的快速调整，无须修改每个单位工程。

（3）批量替换报表，批量打印、导出报表

【统一调整报表方案】，可以把本单位工程的报表格式快速复制给其他单位工程，实现报表格式的快速调整。

报表可以批量打印或导出 Excel，并且可以设置报表打印范围，方便打印出所需要的报表，同时根据打印设备的不断更新，实现了双面打印的全面支持。

4. 智能检查，安全报价

（1）招标投标文件自检

可自动检查招标投标文件数据的有效性，检查漏项、漏组价等项目。快速实现数据验证和错误修改，保障招标投标文件的准确性。

（2）投标文件符合性检查

自动将当前的投标清单数据与招标清单数据进行对比，可检查与招标清单的一致性，并且列出不一致的项目，方便投标人检查修改。

（3）清单综合单价不一致项的检查投标人在报价初期对清单项反复核查的过程中，尤其是大型的群体工程，若发现清单名称、项目特征等完全相同，但是综合单价相差甚远的情况出现，可通过此功能快速完成综合单价的检查，实时定位，完成修改；保障清单报价的一致性。